趣讲科学史

百年计算机：从 CPU 到人工智能

海上云 著

天地出版社 | TIANDI PRESS

图书在版编目（CIP）数据

百年计算机. 从CPU到人工智能 / 海上云著. — 成
都：天地出版社，2024.1
（趣讲科学史）
ISBN 978-7-5455-7933-8

Ⅰ.①百… Ⅱ.①海… Ⅲ.①电子计算机- 技术史-
世界- 青少年读物 Ⅳ.①TP3-091

中国版本图书馆CIP数据核字（2023）第159927号

BAINIAN JISUANJI:CONG CPU DAO RENGONGZHINENG

百年计算机：从 CPU 到人工智能

出 品 人	杨　政
总 策 划	陈　德
作　者	海上云
策划编辑	王　倩
责任编辑	刘桐卓
特约编辑	刘　路
美术编辑	周才琳
营销编辑	魏　武
责任校对	卢　霞
责任印制	刘　元　葛红梅

出版发行　天地出版社
　　　　　（成都市锦江区三色路238号　邮政编码：610023）
　　　　　（北京市方庄芳群园3区3号　邮政编码：100078）
网　　址　http://www.tiandiph.com
电子邮箱　tianditg@163.com
经　　销　新华文轩出版传媒股份有限公司

印　　刷　北京博海升彩色印刷有限公司
版　　次　2024年1月第1版
印　　次　2024年1月第1次印刷
开　　本　889mm×1194mm　1/16
印　　张　9.25
字　　数　120千字
定　　价　30.00元
书　　号　ISBN 978-7-5455-7933-8

版权所有◆违者必究

咨询电话：(028) 86361282（总编室）
购书热线：(010) 67693207（营销中心）

本版图书凡印刷、装订错误，可及时向我社营销中心调换

第1讲

一段匆匆的旅程

——"1+1="在电脑里的奇遇

传达室键盘大叔

我是"1+1=",是小明同学在电脑键盘上敲下的一串指令。

键盘，这个整日被小明用手指敲敲打打的传达室大叔，是电脑外设家族里最沉默寡言、最不起眼的成员，长得也黑不溜秋，但是，它承担了大部分传达任务。

每当小明敲入命令，他第一时间给电脑一个请求中断（IRQ Interrupt Request，请求中断），让电脑准备接收来自小明的命令，比如我这个"1+1="。

这个过程，就像坐车时想下车就和司机打个招呼。

键盘大叔是怎么让电脑知道小明敲打的是什么字符的呢？

解开键盘大叔的外套，我看到它内衣上的花纹——密密麻麻、迷宫似的电路回路。

◀ 键盘

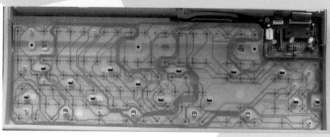

◀ 键盘大叔的内衣上的花纹

"键盘侠"的方阵

请看大叔沉默外表下的方阵：

当按下某个键时，这个按键下方的开关合上，电路闭合，使得电流可以通过。键盘上的每个键，都有一个特定的坐标位置。键盘处理器检测到那个位置（第几行第几列），然后与一个内置的联络图——"字符映射表"进行对比，就能通过译码器知道按下的是哪一个键。

传达室键盘大叔，在沉默外表下拥有一颗敏感的心！他知道小区每栋楼、每个单元里住的是谁！

别看键盘大叔老土，其实他已经算是电脑外设家族里的"新新人类"了。40多年前，小明的爷爷给电脑指令要用穿孔卡片。先要把指令手工翻译成电码，然后一排一排地在特定的位置打上孔。计算机一排排扫描过卡片，就知道是什么指令了。

那时候，要想成为一个好的程序员，先要学会打孔！

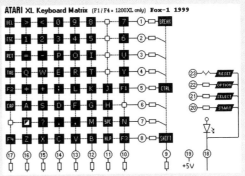

▲ 键盘大叔沉默外表下的方阵

▲ 40多年前的计算机穿孔卡片

小明的意思它明不明白？

　　键盘大叔很信任小明，相信小明说的每一个字。但是，电脑是个只认识 1 和 0 的家伙，它怎么理解小明"1+1="的意思呢？

　　科学家们开发了一种汇编语言和一个汇编神器，自动将小明要干的事翻译成机器代码。

　　汇编语言和汇编神器，把小明从他爷爷的打孔重负中解放了出来，降低了打错孔的概率。

　　而且，高级语言让计算机编程更加容易入手，功能也更为强大。

　　只要小明学会计算机语言，不写错指令，编译器就会快速将指令翻译成机器码，而电脑读到机器码，就知道该怎么处理了。

　　小明，你能做到吗？这比打孔和开挖掘机要容易啊。你还吃过 10 颗"初心巧克力"呢，这么快就忘了吗？

"大都市" CPU 概况

"变身"成二进制的机器码，我就通过 I/O（输入 / 输出），大摇大摆进入"大都市"CPU（中央处理器）。

CPU的模样

如果从外面看，这个叫 Intel i7 的"大都市"CPU 长得方方正正，关机的时候很高冷，开机的时候滚烫。

如果深入 Intel i7 内部，你会看到灯火通明，热闹非凡。

◀ CPU 外观

最早的"大都市"规模还小，一个大老板（控制单元，Control Unit）就能管理了。随着大都市面积越来越大，分工越来越细，密度越来越高，一个控制单元根本管不过来，这就形成了几个"核心"（core）分权并治的局面。比如我现在进入的"大都市"，就有 8 个"核心"，每个"核心"就像一个大的城区，里面设施齐全。

整个大都市有多大？

比如这个 Intel i7 的大小只有 17.6mm × 20.2mm，就是两个大拇指指甲那么大。

整个"大都市"里面有多复杂?

比如,我"1+1="只占几十个比特(晶体管),整个"大都市"有 26 亿个晶体管。在键盘大叔那里,我还是个人物,来到了"大都市",我才知道自己的渺小。

CPU的构成

"大都市"中间的快速缓冲贮存区 RAM 是一个巨大的"中央公园",大量临时存放的数据,都被收容在这里。这个 L3 是第三级的存储区,速度相对慢一点,但胜在容量巨大;而 L1、L2 是在"核心"内部的存储区,速度更快。

底下的内存控制器,不仅管理中央公园,还管理着"大都市"外面的大片存储空间。

而顶上的 I/O,就是我进"大都市"的通道,也是我以后出去的通道。

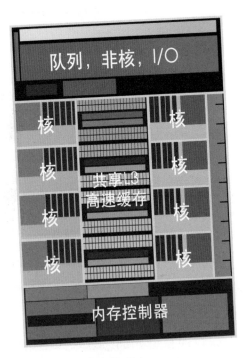

▲ CPU 片内部结构

我们飞奔在宽宽的BUS 上面

这里大规模集成电路的高楼林立，四通八达的马路都是 8 车道、16 车道甚至是 64 车道的，称为 BUS（总线）。

总线是为了快捷

有了 BUS 之后，电脑内部的交通通信变得快速无比。64 位总线的电脑，可以同时传 64 比特的信息。

到了电脑内部的第一件事，是向"大老板"——控制单元报到。

控制单元是个非常麻利精干的年轻人，每分每秒忙得屁股不着凳子，都没来得及看我一眼。

"1+1=" 在电脑里的奇遇

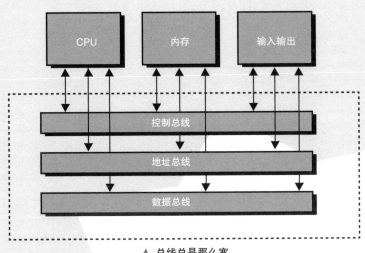

▲ 总线总是那么宽

"太忙了太忙了，小明正在玩拼图游戏！你这事稍等一会儿。"

它给了我一个号（地址），让我到这个叫"寄存器"的快捷酒店等着，说等忙过了再来叫我。

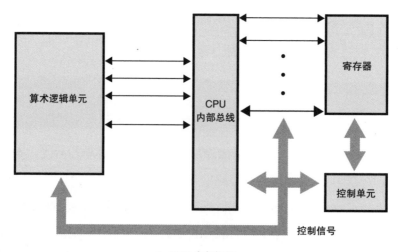

▲ CPU 内部框架

快捷酒店寄存器和逻辑计算账房

我按着地址，沿着 BUS 来到酒店，就在寄存器住下了。这个寄存器快捷酒店，在逻辑电路里我们见过面，是由时钟控制的。

过了一会儿，大老板控制单元派人来通知我，轮到接受处理我的任务了。

看来，控制单元是个兢兢业业的老板，它记得每一个来 CPU 的人，给我们分配寄存器，还知道怎么"寻址"找到临时安置在寄存器的外来人员。顶着大老板的名头，做着接待员的活，控制单元真让我感动啊。

大老板还是个高级翻译官，把我的任务用解码器翻译，发现了操作码 0100 和操作数 00000001：

010000000001（ADD1）

知道这是个加法，就让我去找一个专门进行逻辑计算的账房先生（ALU，算术逻辑单元），并告诉我说，它会指示账房先生怎么处理我的案子。

大老板自己不会打算盘，但它会指示账房先生打算盘！

再次沿着 BUS 来到 ALU，这里全是一排排的账房，有的门上写着"半加器"，有的门上写着"全加器"，有的门上写着"乘法器"，还有的门上写着"计数器"，里面噼里啪啦响着拨打算盘声。

等账房里的先生抬起头，我一眼认出，原来全是"逻辑门"家族的小黄人兄弟啊。

"好嘞，请进，给您加上 1。成了，慢走了您哎！"

匆匆之旅

在账房先生 ALU 这完成运算后，我再次回到大老板那里交差。

大老板还是给了我一个寄存器暂住，并告诉我，随时准备接收通知出境。大都市寸土寸金，不会让外来人员在里面长期居留。

旅行回顾

在大都市的整个旅程，我描述得似乎很长，但其实是很短的一刹那。在大都市里，所有时序电路的行动都是通过一个时钟 CLOCK 控制的：

数据和指令进入寄存器；

数据和指令移出寄存器；

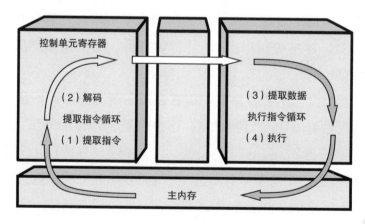

▲ CPU 内部流程

完成一个指令译码；

完成一次加法运算；

……

时钟"嘀嗒"一次，完成一次基本操作，而且，很多操作都是独立并行的——小明其实是一边听音乐，一边做"1+1="的。

这个 Intel Core i7 大都市里的时钟是 2.8 吉赫，就是说，28 亿分之一秒就"嘀嗒"一次！我在大都市里的整个旅程，还不到百万分之一秒。

这是简化的 CPU 内部流程图。

大老板提取（Fetch）指令并进行解码（Decode），账房 ALU 读取数据、执行（Execute）和写回（Writeback）到内存。

从小明的指尖到 CPU 内的旅程虽然非常短暂，但我记得键盘大叔，记得汇编神器，记得忙碌、负责的大老板，记得走过的宽宽的 BUS，记得住过的寄存器快捷酒店，记得"逻辑门"的三个小黄人和它们的真值表，记得半导体的皮卡丘晶体管，记得账房里的半加器和全加器。我忍不住要赋诗一首，而且是英文的，以作留念。

到此一游

Uncle Keyboard has a Matrix, takes your words.

Assembler translates your commands to digits.

Control Unit is the Boss, but no driver is on the Bus.

Registers and Gates tell you the truth.

Transistors are billions of brothers and sisters.

Half Adders and Full Adders are not poisonous adders, but bunch of Logic Gates.

（Adder：既"加法器"的英文，也是蝰蛇的英文。）

索性再来一个中文版的《到此一游》：

　　键盘大叔他把点阵藏在心里，
　　你的话他每一句都当作真理，
　　编译神器把指令翻译给机器，
　　控制单元是无所不管的 BOSS，
　　电脑的 BUS 上都是无人驾驶，
　　逻辑门不认交情它只看真值，
　　晶体管聚集在这里千万上亿，
　　半加器全加器不是蝰蛇兄弟，
　　只是一群群逻辑门连在一起。

▲ 液晶点阵

显示器阿婶的风采

虽然有点依依不舍，但最后还是要离开大都市。

这次，大老板让我出去找显示器阿婶（Acer）。

显摆者的方阵

来到 I/O 外面，在显示器阿婶那里，再次见识了方阵，一个更大的而且是液晶的方阵。大叔大婶，真是"不是一家人，不进一家门"啊，都是胸怀方阵的人哪。

比如我要在阿婶这里显示（显摆）一下"帅"。

把"帅"字描在点阵里，每一列是一个字节（BYTE，或者 8 个比特）。

由图可知，第一列的第 4 到第 6 个点的位置上，都是黑点，所以第一个 BYTE 是 00011100（黑点用 1 表示，空白用 0 表示），前后四位都转换成 16 进制 Hex 就是 1A。（16 进制的 16 个数字分别是 0、1、2、3、4、5、6、7、8、9、A、B、C、D、E、F）

第二列的第 8 个位置上是黑点，所以第二个 BYTE 是 00000001，转换成 16 进制就是 01。

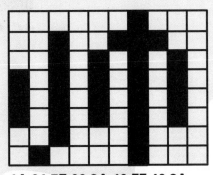

1A 01 7E 00 3A 40 FF 40 3A

Hex: 1A
Binary:00011100

▲ "帅"字在二维点阵里的表述（此为举例）

依此类推，"帅"的16进制编码是"1A 01 7E 00 3A 40 FF 40 3A"。

利用类似的方法，加上红绿蓝（RGB）三色编码，就能描述彩色图片。

阿婶根据编码，在点阵的相应位置让液晶亮起来，就是"帅"了。太让人幸福了！

"阿婶，阿婶，我完成任务啦。"

"1+1=，你自己看结果吧。"

"居然不是帅，是2……"

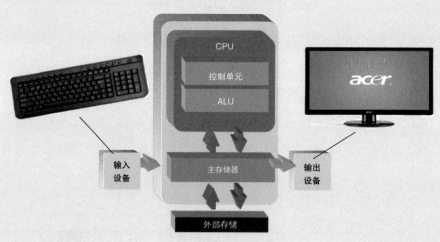

▲ "1+1=" 奇遇记的整个旅程

三思小练习

1. 计算机里的总线是什么？
2. 计算机里的算术运算是由哪一部分完成的？
3. 键盘和显示器里的阵列起什么作用？

硅谷码农的浮世梦

Addison街367号的灯还亮着，
远处的苹果园散发着清香的气息。
1939年的那枚硬币，正反我不在意，
是PH还是HP，无碍于这道山谷的崛起。

我只想，穿越到叛逆者聚会的酒馆寻醉，
抚摩仙童们在纸币上签字的笔迹，
在醉意中查看，肖克莱的测谎仪，
能不能在摩尔的心中，刺探出定律。
半个多世纪的龙争虎斗，
哦，Intel和AMD，
卷起天下风云竟是俩师兄弟！

如果指间挽留不住硅砂逝去，
我愿沿101长驱，
到斯坦福，放眼棕榈的飘逸。
金门桥的Logo，张开就是互联网的腾起，
听！那一声"Yahoo"的欢呼，
回应着千年前尤里卡的惊喜。

最不济，我也要穿上Paypal的风衣，
打开iPhone，伸出灵犀的拇指，毫不犹豫，
去唱和Facebook点赞的创意。
再于云的计算中，精心PS一张甲骨文图片，
站在谷歌的首页，去预言硅谷兼并的风风雨雨，
在风投的滂沱中，嗅出独角兽的形迹。

而此刻，电脑的风扇声声，几枚比特币在硬盘里藏匿，
不肯泄露浮世梦里，最隐秘的梦吃。

第2讲

它属于每一个人

——全世界的计算机联合起来

初啼

风起于青萍之末。草地的繁茂，起始于"草色遥看近却无"的嫩叶。

而我们今天无处不在的互联网，它的起源，只是美国西部的 4 台计算机。

1969 年，美国军方启动了一个计划，将美国西南部的加利福尼亚大学洛杉矶分校、斯坦福大学、加利福尼亚大学圣巴巴拉分校和犹他大学的 4 台主要的计算机连接起来，组成 ARPA 网（阿帕网）。这个 ARPA 网，就是互联网的雏形。

人类历史上，第一个在互联网上传送的信息是 login（登录）。从此，人类 login 到了一个网络，打开了一片新天地。在 50 年间，从 4 变成几十亿，这是怎样的一种增长速度！

看一下今天互联网路径的一个小小的局部，其繁密而复杂的程度，让人瞠目结舌。这样的网络，是怎样一步一步成长起来的呢？里面又有什么精彩的故事呢？

第一个互联网上发送的短信：login

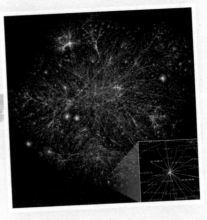

▲ 最初互联网雏形阿帕网和现代互联网的局部路径连接

分组

在计算机网络出现之前，人类已经建立了一个网络——电话网。但是，电话网和计算机网是非常不同的。

打电话

我们打电话，一旦接通之后就希望能够保持通话的畅通，不愿意通话有间断或者信号受到干扰。因此电话通信采用了一种叫作"电路交换"的技术。

从广州到北京的电话，可能要经过上海，所以，在拨通电话时，需要建立从广州到上海、从上海到北京的电话通道，当这两段通话信道都有空时，就接通了。而在整个通话过程中，这条通道是你专属的，其他人不会对你有影响，直到你或者对方挂电话。

另外，在通话过程中，约40%的时间是没有声音的，这时候虽然没有信息传送，但仍然占用着通道。所以，电路交换对于数据通信来说，效率是比较低的。

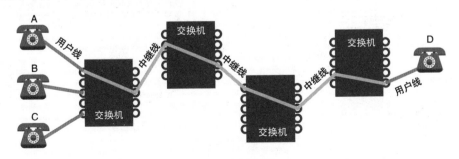

▲ 电话的电路交换

发短信

　　而在计算机网络中，传送一条短信，或许根本不需要几秒钟。如果也采用电路交换，很显然效率太低——通路的使用只有几秒钟，而建立通路也要花几秒钟。

　　另外，当时这个计算机网是军方资助的，要求有抗毁性。也就是说，即使某条线路断了，网络也能进行正常的通信。在这种情况下，一种新的交换技术——"分组交换"技术出现了。

　　它和我们送快递很相似。我们把计算机要传的邮件分成一个个小的"分组"——包裹，每个包裹上都有目的地地址和源地址。从同一个地方寄出的包裹，有可能会通过不同的地方中转。有的可能碰到路上交通出了问题，换了线路；有的可能因为负荷而调配到不同的中转站。不管怎么样，因为包裹上有目的地地址，所以，即使经过不同的路径，最后仍能送到。当然，有可能后面的包裹比前面的先到——它能保证包裹送到，但是送达的次序是不能保证的。这一点在计算机通信里面不是问题，只要目的地的计算机等待所有包裹收到后，再排序组装就可以了。

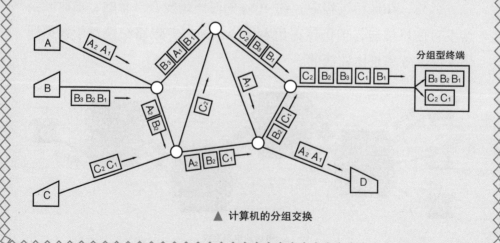

▲ 计算机的分组交换

不同的交换方式

从此，通信网络中有了两种交换技术：

电路交换：保证通话质量以及通话过程不中断，通话的延迟只是电磁波和交换机的延迟。线路在一段时间里是专用的，但是需要等待建立电路的时间。

分组交换：能抗毁，不需要等待建立电路，线路利用率更高。但是，它既不保证传送延迟会有多久，也不保证包裹接收的次序是正确的。

这两种技术还不能反过来混搭使用。

想象一下，如果用电路交换来传包裹会怎么样呢？一路上所有的邮车和快递小哥各就各位，专门等你的包裹，不仅用专车，还用"专小哥"。这待遇真是高级了。没有人会这样送快递吧？

说到分组交换技术，不得不提莱昂纳多·克莱洛克（1934— ），他是阿帕网的主要研究人员，那个 login 就是他输入的。他在排队理论方面为分组网以及后来的互联网，提供了强有力的分析工具。

▲ 互联网的先驱克莱洛克

IP

地址很重要

分组交换的包裹上的地址，叫 IP（internet protocol，互联网协议）地址，是 32 比特的。为了便于人们记忆，将 IP 地址分为四组，每组 8 比特，换算成十进制，中间用点号分开。

网络上的设备叫路由器，它的内部有路由表，根据收到包裹的 IP 地址，转送到下一站。这个表，是根据每个路由器之间的消息互通而建立起来的。很多情况下，它只需要读取前面的网络地址，而不需要读取全部的地址，就能快速地决定下一站送到哪里。

这个包裹转发的过程和路由表，是由 IP 协议决定的。

为了保证准确接收所有包裹，接收方要做检查，然后向发送方发确认信息。如果发现漏了包裹，会通知发送方重新发一次。

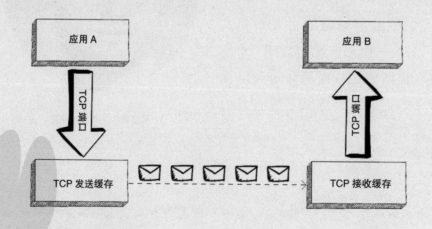

交通管控很重要

为了避免网络拥挤，包裹发送方一开始只发一个包裹，等收到确认之后，再增加投入，多发包裹。但是，大家约定有一个上限N：每个人保证在路上没有确认的包裹，不能超过N个。如果发现掉了包裹，可能路上有问题，它就减少包裹的发送。当互联网上所有的用户都遵守这样的协议，网络会稳定而高效。

这套算法叫TCP，加上IP，称为TCP/IP协议，发明它们的人是温顿·瑟夫（1943—　）和罗伯特·卡恩（1938—　）。瑟夫是克莱洛克的学生。他们在2004年获得了图灵奖。

当他们回首往事的时候，把TCP/IP协议的流行和互联网的发展，归功于他们当时没有为之申请专利，"如果新技术不是无偿的和免费的的话，人们就会远离我们而去"。

这个32位地址的IP，是IPv4，第四版，网络地址资源有限，眼看着快要用完了。

下一个版本的IPv6，地址长度为128位，是IPv4地址长度的4倍。

从2011年开始，主要用在个人计算机和服务器系统上的操作系统，基本上都支持IPv6配置产品。

2012年6月6日，国际互联网协会举行了世界IPv6启动纪念日，这一天，全球IPv6网络正式启动，Google、Facebook和Yahoo等大公司，开始永久性支持IPv6访问。

▲ 温顿·瑟夫、罗伯特·卡恩和美国前总统布什
（从左至右）

2018 年 6 月，中国互联网三大运营商联合阿里云宣布，将全面对外提供 IPv6 服务，并计划在 2025 年前助推中国互联网真正实现"IPv6 Only"。

比如：10000000 11111111 11111111 11111111 就是 128.255.255.255。11100000 11111111 00000000 00000001 就是 224.255.0.1。

这里面分 4 类地址。D 类是广播和实验用的。我们常见的是 A B C 三类。

A 类地址的前 8 位比特是网络号，后面 24 位比特是用户号，对应一个用户很多的大网（每个网络可以有 16777216 个用户）。A 类地址的第 1 位固定为 0，可以有 128 个这样大小的网络。近水楼台先得月，苹果公司、IBM 等抢先得到了 A 类地址。

B 类地址的前 16 位比特是网络号，后面 16 位比特是用户号。每个网络可以有 65536 个用户。B 类地址的前 2 位是固定的，为 10。所以，可以有 16384 个这样大小的网络。大部分公司的网络是这一类。

C 类地址的前 24 位比特是网络号，后面 8 位比特是用户号。每个网络有 256 个用户。C 类地址的前 3 位是固定的，为 110，可以有 2097152 个这样大小的网络。

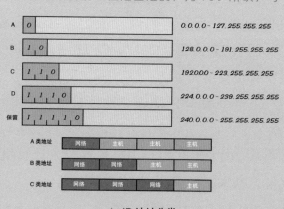

▲ IP 地址分类

web

国际互联网在 20 世纪 60 年代就诞生了，但是，一直没有流传开来。除了因为连接到互联网需要经过一系列复杂的操作，网上内容也很分散凌乱、单调枯燥。这就好比在交通极为落后不便、签证手续极为严格烦琐的情况下，不会有多少人想到外面的世界去看看。

到了 20 世纪 80 年代，互联网已经有了一些规模，但是，主要用于处理电子邮件和科学家之间的数据分享，要走进大众，还缺少一个催化剂。

1984 年，因为偶然的机会，一个叫蒂姆·伯纳斯·李（1955—　）的年轻人来到瑞士的日内瓦，进入著名的欧洲核子研究组织（CERN）。

▲ 蒂姆

怎么把数据关联起来

在这里，年轻的蒂姆接受了一项极富挑战性的工作：开发一个软件，使分布在各国各地的物理实验室、研究所，可以分享最新的信息、数据和图像资料。

我们举一个大家熟悉的例子。王国维的《人间词话》说：

古今之成大事业、大学问者，必经过三种之境界：

"昨夜西风凋碧树。独上高楼，望尽天涯路。"此第一境也。

"衣带渐宽终不悔，为伊消得人憔悴。"此第二境也。

"众里寻他千百度，蓦然回首，那人却在，灯火阑珊处。"此第三境也。

如果你对里面的三句词感兴趣，想进一步了解全词，怎么办呢？你去查阅宋词选集，可以找到这些词。如果你还对晏殊、柳永、辛弃疾这三位词人感兴趣，怎么办呢？你再去查词人的全集和历史书——这些查阅的过程非常费时。

超文本

1989 年，蒂姆采用超文本技术（Hypertext），把欧洲核子研究组织各个实验室的计算机内的信息连接在一起，并通过超文本传输协议（HTTP），从一台 Web 服务器转到另一台 Web 服务器上检索信息，服务器能发布图文并茂的信息，甚至在软件支持的情况下还可以发布音频和视频信息。

什么是超文本呢？

仍以王国维的文章为例子，我们在这三句词上面加上超文本链接，你轻轻一点，就会引导你去看全词，它们可能在北京大学的一台计算机上，甚至还可能有朗诵版。而这些诗词页面上，又有关于作者的超文本链接，你再轻轻一点，它就会带你进入词人的全集，它们可能在浙江大学的计算机上。

现在听起来，这个模型似乎理所当然啊。**但在当时，它为信息在互联网上的传播提供了第一个创新的框架，改变了人类和互联网沟通的方式，充满革命性。**

3个W

知识和信息之间的关联，本来是分散的、零星的，现在通过超文本链接在一起，像一张蜘蛛网一样，所以，叫作"万维网"（World Wide Web），即我们熟悉的 WWW 网。我们现在使用的浏览器，无论是 Firefox，还是 Internet Explorer、Google Chrome，支撑它们的核心技术都是蒂姆在 1989 年发明的。

美国著名的信息专家、《数字化生存》的作者尼葛洛庞帝教授认为：万维网给互联网赋予了强大的生命力，1989 年是互联网历史上划时代的分水岭。从万维网开始，互联网进入了井喷式的高速发展时代。

因为在互联网技术上的杰出贡献，蒂姆被《时代》周刊评为 20 世纪最具影响力的百人之一。2004 年，英国女王伊丽莎白二世向他颁发了大英帝国司令勋章。2017 年，他获得了 2016 年度图灵奖。

蒂姆的伟大发明改变了全球信息化的模式，更伟大的是，他没有像其他人那样为万维网申请专利或限制它的使用，而是向全世界无偿开放。他的这一举措，为互联网全球化的普及翻开了里程碑式的篇章，让所有人都有机会接触互联网，带来了一个信息交流的全新时代。

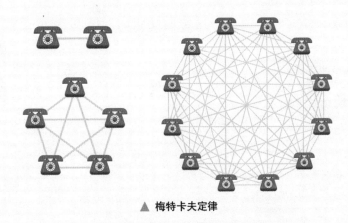

▲ 梅特卡夫定律

全世界的计算机联合起来

价值

以太网的发明人梅特卡夫说，网络价值随着用户数的增长而增长，与用户数的平方成正比。

从 4 的平方，到几十亿的平方，这就是互联网在 50 年内的价值增长。

瑟夫、卡恩和蒂姆，这三位互联网的发明者，都没有为他们的发明申请专利。他们认为，互联网最具价值的地方，在于赋予人们平等获取信息的权利。

他们用自身的智慧和无私为互联网创造出了一个神话，告诉人们网络是多么美好，多么富有吸引力。

计算机行业有很多这样的"书呆子"，让我们在一夜巨富和冷酷的竞争之外，看到了这个世界的另一种颜色和温度。

蒂姆曾说："它属于每一个人。（ This is for everyone. ）"互联网是献给生活在地球上的每一个人的。互联网的精髓和价值，是互联和共享。互联网，将这个世界彻底连为一体。

三思小练习

1. 分组交换的好处是什么？

2. 电路交换的好处是什么？

3. 一个 A 类 IP 地址能容纳的用户多，还是一个 C 类 IP 地址能容纳的用户多？

大数据时代的智慧

晨光在东，月光在西，
不尽的信息，
在丹桂的香浓里沉醉，
在一个温暖的符号里，
找到归宿和慰藉。

恒河，
哪一枚，是走失的晶砂？
夜空，
哪一朵，是要寻找的星子？

氤氲在数字里的语气，
被时光封存，被倾心萃取。
一滴酿成酒，一滴酝成

思念，
还有一滴，凝结成灵犀。

如果能从云卷东风的气息，
嗅出雨的身影，
从花园里足迹的疏密，
看到犹豫和欣喜，
我就能从入海口的沙砾，
探问出今夜的潮汐。

注：香浓指香农（Shannon），信息论的发明者。

第3讲

从不可能到可能

——把计算机穿戴在身上

打开可穿戴的计算机

在 50 多年前，如果你说把计算机穿戴在身上，很多人会认为你是疯子。那时候的计算机，就像是一排排大衣柜，一个班的小伙伴在里面藏猫猫都绰绰有余。

在 20 年前，如果你说把计算机穿戴在身上，很多人也会认为这是科幻。那时候虽然已经有笔记本电脑和可以装进口袋的小型计算机，但是要把它穿戴在身上，还是太沉了。

但是现在，智能手表、谷歌眼镜已经是实实在在的产品，和通常的手表、眼镜一样轻便。

这 50 年间计算机领域发生的变化，除了大规模集成电路、摩尔定律的作用，一种叫作"精简指令集计算机"（RISC）的计算机处理器体系结构起了很大的作用。我们打开苹果手表，里面的 CPU 芯片用到了RISC；拆开谷歌眼镜，里面的 CPU 芯片，仍然是 RISC。

这 RISC 究竟是哪一路大神呢？

▲ 苹果手表

武林里的"西派"和"雷派"

我们在前面讲到过计算机的汇编语言：我们通过汇编语言的指令，指挥计算机工作。这里有一个技术关键：如何来设计指令，让计算机更加高效呢？

要讲清楚这个非常抽象的问题，我们需要用类比的方法。

假如大明和小明加入了两个不同的武林门派，大明进的是"西派"，小明加入的是"雷派"。

西派和雷派

"西师父"教了大明三个招式，一招"野马分鬃"，一招"白鹤亮翅"，还有一招"海底针"。每一个招式复杂程度不一样，使出一招需要的时间也不一样。

而"雷师父"教的却是一组组分解动作。

第一组是四个分解的动作：后坐撇脚，收脚抱球，转体上步，

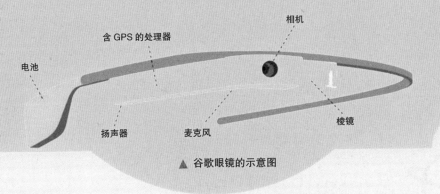

相机

含 GPS 的处理器

电池

扬声器   麦克风   棱镜

▲ 谷歌眼镜的示意图

弓步分手。

第二组也是四个分解动作：稍右转体，跟步抱球，后坐转体，虚步分手。

第三组是两个分解动作：跟步提手，虚步插掌。

"雷师父"的每一个分解动作都很简单，而且，不同招式里的几个分解动作，比如"转体""分手""虚步"是一样的。也就是说，"雷师父"把招式分解成小而简单的基本动作，规定手、臂、腿、脚、拳、身怎么动作，每一个基本动作在相同的时间内完成。

等到大明和小明回家一比画，哈，他们学的其实是同样的招式。

虽然是一样的招式，表演时的场面却不一样。

"西师父"喊一声"白鹤亮翅"，大明就"啪"地使了出来。

"雷师父"却需要喊"稍右转体，跟步抱球，后坐转体，虚步分手"，小明才能跟着命令使出来。

CISC和RISC

这两个师父，放到计算机的指令设计里，"西师父"就是 CISC（Complex Instruction Set Computer，复杂指令集计算机），里面需要的指令数目和操作比较多，每一个操作可能很复杂。

而"雷师父"就是 RISC，里面需要的指令数目和基本操作比较少，每一个操作也很简单。

比如，对于乘法运算，在 CISC 架构的 CPU 上，你可能需要 MUL Addr_A,Addr_B 这样一条指令就可以将 Addr_A 和 Addr_B 中的数相乘并将结果储存在 Addr_A 中。

这里面的全部操作，都依赖 CPU 中设计的逻辑来实现：将 Addr_A、Addr_B 中的数据读入寄存器，相乘，将结果写回内存。

这对 CPU 结构的复杂性要求很高，但对于编译器的开发十分有利。C 程序中的"a*=b;"就可以直接编译为一条乘法指令——总结起来就是：软件简单，硬件复杂。

▲ 帕特森（左）和轩尼诗（右）

就像"西师父"喊"白鹤亮翅"简单四个字，就让大明知道是哪一个招式。但是，大明要足够聪明，知道"白鹤亮翅"这个复杂的招式是怎么使的——总结起来就是：师父省事了，徒弟伤脑子。

采用复杂指令系统的计算机，有着较强的处理高级语言的能力，英特尔的 CPU 一直走的是这一条路。计算机 CPU 的设计，也一直是 CISC 的天下。

后来，渐渐地，有些科学家开始对"西师父"产生了怀疑。

RISC的后来居上

1979 年，以大卫·帕特森（1947—　）和约翰·雷洛伊·轩尼诗（1953—　）为首的一批科学家，在美国加州大学伯克利分校和斯坦福开展了研究，发现 CISC 存在许多缺点。

首先，在这种计算机中，各种指令的使用率相差悬殊：20% 的指令完成了 80% 的任务。

事实上最频繁使用的指令是取数据、存数据和加法这些最简单的指令。

这样一来，以前花很多时间研究指令系统的设计，实际上是在设计一种在实践中难以用得上的指令系统。就好比说，大明发现实战的时候，所有招式中"白鹤亮翅"用得最多，平时练的其他几十招用得很少。

把计算机穿戴在身上

针对 CISC 的这些弊病，帕特森和轩尼诗等人提出了精简指令的设想。在他们的思路中，指令系统应当只包含那些使用频率很高的少量指令。按照这个原则发展而成的计算机，被称为"精简指令集计算机"（RISC）。

上面的乘法例子，如果要在 RISC 架构上实现，是这样的：

MOV A,Addr_A

MOV B,Addr_B

MUL A,B

STR Addr_A,A

将 Addr_A,Addr_B 中的数据读入寄存器（就是 mov 操作），相乘之后，将结果写回内存。RISC 架构要求软件来指定各个基本操作的步骤，就像"雷师父"要一步步喊分解的动作"稍右转体，跟步抱球，后坐转体，虚步分手"——总结起来就是：师父累着了，徒弟省事了。

RISC和移动计算

这种架构可以降低 CPU 的复杂性，允许在同样的工艺水平下生产出功能更强大的 CPU，但对于编译器的设计有更高的要求——总结起来就是：软件复杂，硬件简单。

在帕特森和轩尼诗对 RISC 的研究基础上，IBM、Motorola 等研制出了 PowerPC 的芯片。

但是，英特尔借助摩尔定律，并不担心 CPU 的硬件复杂，它用更多的晶体管来完成任务，以换取编程软件的便宜。英特尔的 CISC 最终在台式计算机和服务器上占据了绝对优势。

"西师父"赢了"雷师父","白鹤亮翅"赢了"稍右转体，跟步抱球，后坐转体，虚步分手"。

精简指令集（RISC）	复杂指令集（CISC）
指令总数少 单条指令简单	指令总数多 单条指令能完成复杂运算
编程语言设计耗时	编程语言容易设计
要求 CPU 复杂性低	要求 CPU 复杂性高
CPU 硬件成本低，功耗低	CPU 硬件成本高，功耗高

▲ RISC 和 CISC 比较

但是，东边不亮西边亮。CISC 赢得了台式机的市场，却在手机和移动设备里输给了 RISC。

"雷师父"的分解动作，使得硬件设计更加简单，耗能更少。这正是手机等移动智能设备所要追求的。毫不夸张地说，没有帕特森和轩尼诗，就没有 RISC，也就没有现在智能手机的广泛应用。

目前的 RISC 中，占主导地位的是英国的 ARM 公司。他们为手机和移动设备提供芯片内核。苹果手表和谷歌眼镜的 CPU 内核，华为手机的 CPU 内核，都来自这个公司。

轩尼诗利用他的研究成果和芯片设计创意，成立了两家公司并成功上市，又担任斯坦福大学的校长达 16 年之久。

帕特森和轩尼诗因为在 RISC 方面的杰出贡献，获得了 2017 年的图灵奖。他俩的学术专著《计算机体系结构：量化研究方法》是权威的计算机体系结构著作，是 CPU 芯片设计行业内的宝典。

▲ 苹果手表 CPU 内核来自 ARM

少不了的 OS

携带类的操作系统，比台式计算机要简单很多，但是却多了很多特定的功能。

WatchOS 是苹果公司基于 iOS 系统开发的操作系统，用于苹果手表。

它的运动健康功能，可以告诉你血压多高、心跳多快、步数多少、爬高多少。另外还有游泳、室外快走等记录，以及各种智能教练方案。

在步行训练中，用户还可以直接通过手表控制音乐播放，或在手表屏幕上切换音乐。

用它的"时间旅行"功能，你可以通过旋转数码表冠来查看正在发生的或回顾已经发生的事，昨天、今天和明天，一览无余。你可以预先看看明天下午足球赛时的天气状况，查看今天的下一个日程安排，或者回调时间补看自己可能错过的新闻要点。然后，只要再按一下数码表冠，你即可被带回当前的时间。

在导航方面，地图可为你指引从当前位置出发的最佳路线。你可以在一次出行中结合多种交通工具。在全球一些特定的城市，你可以查看详细的地图和准确的火车、地铁及公交时刻表。

▲ Wear OS 是谷歌公司为手表和眼镜之类携带
设备开发的操作系统

还有什么可以穿戴？

除了眼镜和手表，计算机还可以穿戴在什么地方呢？

计算机可以放进耳朵里，就像孙悟空把金箍棒塞耳朵里一样。

随着语音识别软件越来越高级，语音输入的识别率达 97% 以上。耳朵里的计算机可以听懂你的指令，替你指路，回答各种疑难问题。

你还可以把苹果手表的功能集成进去，心跳、血压、血氧都能随时测量，用语音查询。

耳朵提供了一个噪声较少、相对稳定的人体体征收集场所。耳内血液的流动速率不同于其他部位，这里离心脏近，测量数据更为准确。在耳道区域中含有颈内动脉系统，耳屏、耳垂富含毛细血管，更利于监测动脉搏动。

耳塞计算机和谷歌眼镜相比各有擅长，而且，耳塞计算机不会分散你视觉的注意力——你不会因为分神看手表而撞到电线杆。

计算机可以嵌在健身衣里：在健身衣的胸部位置用一个圆形的生物学传感器，监测使用者的动作和速度，测量心率、呼吸频率和皮肤温度。

计算机还可以安在戒指上或者做成耳环、耳坠。

　　计算机还能在皮肤上印刷电子纹路，检测皮肤温度、脑电波或心率，并以无线电波的方式将数据发送到医院的计算机上。

　　想一想：还有什么"脑洞大开"的点子？

　　来吧，未来属于少年的想象力！计算机可以在你身上任何一个部位，在你耳朵里，在你眼睛前！

三思小练习

1.CISC 的特点是什么？

2.RISC 的特点是什么？

3. 如果让你设计一个穿戴式的计算机，它会是什么样的？

技术的情思

一
把精简的指令，嵌入内芯，
等春天的arm拂过。
眼镜、手表、探针，
便在离离的原上苏醒过来。

倏忽之间，
微风的呼吸，晚霞的嫣然，
——都被托付给了云端。

二
把数字迎入眼，
告诉我，云间此刻的体温。
凝眸，邀请远方的你，
一起走进眼前的风景。

薄瓷的月色不可轻碰，
你，无法走进摇晃的人间。

三
钢铁、硅器和3D打印合谋，
几里外的蝉声再次清晰可闻。

膝盖和胫骨，学会了邯郸之步，
呼吸和心率被完美编程。

多年以后，我们都将记忆上载，
看谁还能辨认出彼此的真身。

第4讲

模仿人类自己的大脑

——神经网络知多少？

一个选瓜神器的诞生

一说起人工神经网络，你可能就会被各种专业名词和图表唬到。其实，**一切专业的知识，都可以在生活中找到它的起点和应用，都可以很接地气。**

比如，夏天来了，你要去市场买西瓜。作为人生中吃过很多瓜却是第一次买瓜的群众，没有人事先告诉你，什么样的瓜是又甜又多汁的好瓜。

选瓜要看特征

好吧，作为一个"外貌协会"的会员，那就先试一下又大又圆的。

实际上，这时候你就已经开始接触神经网络的概念了，形状和大小是西瓜的"特征"之二。你选了一个又大又圆的瓜，回去切开一试，又甜又多汁。你的这个西瓜就是"数据样本"，你得出的结论，就是对西瓜做了一个分类：甜/不甜，多汁/少汁。

圈圈小　　圈圈大

瓜蒂卷　　瓜蒂直

纹路齐　　纹路乱

颜色绿　　颜色浑

▲ 选西瓜

这时候，你的脑子里就形成了一个概念：又大又圆的西瓜，会又甜又多汁。

你充满自信第二次去买瓜，这次运气太差，你买的又大又圆的瓜，却是生的！

作为一个爱学习的人，你没有对人生和西瓜失去信心。你观察了这个西瓜和上次买的西瓜的瓜皮（幸好你还没有扔掉上次的西瓜皮，等着下午凉拌），发现这次买的瓜皮上的纹路模模糊糊，而上次的纹路很清晰。

你觉得仅仅用形状和大小两个特征来判断西瓜好不好还不够，你要看第三个特征——纹路。

这是个炎热的夏天，你是个爱吃西瓜和爱动脑筋的人，经过一个夏天，你吃了100个西瓜，终于总结出了一套经验，买西瓜要"小娟骑驴"：西瓜底部圈圈要"小"，瓜蒂要弯"卷"，纹路要清晰整"齐"，瓜皮颜色要青"绿"。而大小和形状这两个特征反而不是特别重要了。

经过一个夏天和100个西瓜的品尝，你就发明了选瓜的神奇方法。

你的理工男表叔发现你太厉害了，想按照你的方法设计一个"选瓜神器"，他把这个方法抽象成数学。

数学模型来帮忙

f（圈圈、瓜蒂、纹路、颜色），f是个函数，如果这个式子的值等于1，就是好瓜；如果等于0，就是孬瓜。

圈圈、瓜蒂、纹路、颜色，这四个特征就是这个算式的输入，可以为0或1。

圈圈小（1），圈圈大（0）；

瓜蒂卷（1），瓜蒂直（0）；

纹路齐（1），纹路乱（0）；

颜色绿（1），颜色浑（0）。

根据这四个特征的值，输出一个结果。可以是 0 或者 1，表示瓜好不好；也可以是 0 到 1 之间的值，表示是好瓜的概率。

用图形来表示这个选瓜神器则更为直观。

权重值的重要性

4 个输入 a_1、a_2、a_3、a_4（西瓜的圈圈、瓜蒂、纹路和颜色四个特征值）。每个输入经过"连接"，连到输出。每个"连接"上面有一个"权重值"（weight）w_1、w_2、w_3、w_4，分别代表了西瓜的四个特征对于好瓜 / 孬瓜的影响有多大，它们的任务是要和输入相乘。如果你觉得"小娟"比"骑驴"重要，你就让"小娟"的权重值大一点，而"骑驴"的权重值小一点。这个模型的关键点之一是选择恰当的权重值，一切刚刚好，每次都是选瓜 100 分。这个神经元的结构中，重要的事情必须说三遍：权重值，权重值，权重值。

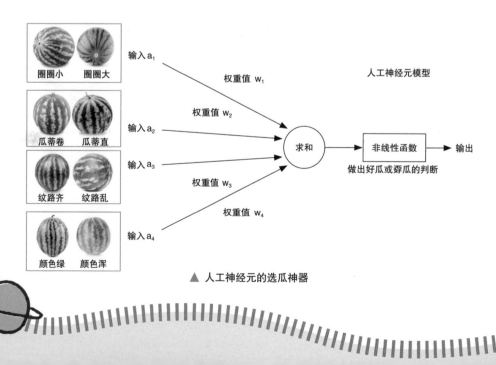

▲ 人工神经元的选瓜神器

2个计算功能：第一个计算先将特征值 a_1、a_2、a_3、a_4 和权重值 w_1、w_2、w_3、w_4 求"加权和"$=a_1w_1+a_2w_2+a_3w_3+a_4w_4$。第二个计算是一个简单的非线性换算，叫作"激活函数"，做出判断（好瓜 / 孬瓜）。

1个输出（好瓜 / 孬瓜）：比如，你发现"小""娟""骑""驴"四个特征同样重要，可以将 $w_1 \sim w_4$ 都设成 0.25。

你在商场里选了很久，只找到一个"小娟骑"（圈圈小 $a_1=1$，瓜蒂卷 $a_2=1$，纹路齐 $a_3=1$），没有找到"驴"（颜色是白花花的，$a_4=0$）。

$$a_1w_1+a_2w_2+a_3w_3+a_4w_4=0.75$$

然后你用"专业高冷"的"非线性函数"决定，只要这个值大于 0.5，你就认为是好瓜，买这个瓜。

神经网络知多少？

人工神经元模型 MP

　　你的理工男表叔采用的这个直观的选瓜神器图，包含了输入、输出与计算功能，就是 1943 年心理学家麦卡洛克和数学家皮茨发明的人工神经元模型 MP（取自两位名字的首字母）。

　　神经元可以看作一个计算与存储单元。计算是神经元对输入进行计算，存储是神经元会暂存计算结果，并传递到下一层。

　　这个神经元 MP 模型，正是对人脑中神经元的一个抽象表达。

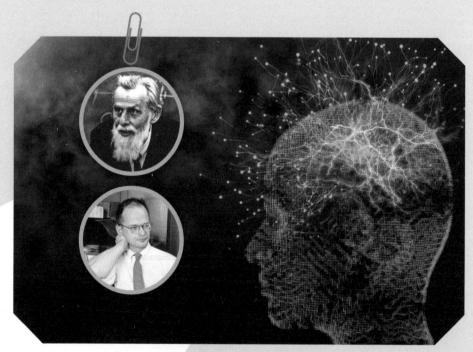

▲ 人工神经元的发明者麦卡洛克（上）和皮茨（下）

一个神经元通常具有多个树突，主要用来接收传入信息；有一条轴突，根据传入信息发出生物电信号，一次次地产生冲动；最后，轴突末梢与其他神经元的树突产生连接，从而传递信号。

而在人的大脑内，有一个庞大的神经网络，里面有约860亿个这样的神经元。树突—轴突—树突—轴突……就这样连成了网状。

一个神经元通过多个树突接收传入信息，并通过轴突末梢与其他神经元的树突产生连接，传递信号。人工神经元模型就类似于人脑神经元的结构。

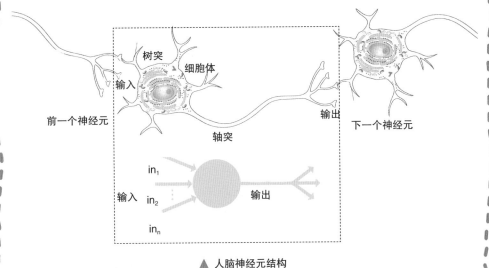

▲ 人脑神经元结构

感知器

1943 年发布的 MP 模型中，权重的值都是"未卜先知"的聪明人预先设置的，不用学习，也不能学习。

1949 年心理学家赫布提出了赫布学习律，认为人脑神经细胞的突触（也就是连接）上的强度是可以变化的。于是，计算科学家们开始考虑用调整权重值的方法来让机器学习。

1958 年，科学家罗森布拉特（1928—1971 年）提出了第一个可以学习的人工神经网络，他给它起了一个名字——"感知器"（Perceptron）。罗森布拉特现场演示了其学习识别简单图像的过程，在当时引起了轰动。

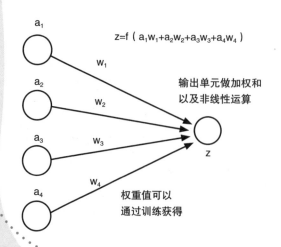

$$z=f(a_1w_1+a_2w_2+a_3w_3+a_4w_4)$$

输出单元做加权和以及非线性运算

权重值可以通过训练获得

▲ 罗森布拉特和单层神经网络的感知器

权重值可训练

感知器在原来 MP 模型的"输入"位置添加神经元节点，标记为"输入单元"。

感知器有两个层次，分别是输入层和输出层。输入层里的"输入单元"只负责传输数据，不做计算。输出层里的"输出单元"则需要对前面一层的输入进行计算。

我们把需要计算的层次称为"计算层"，并把拥有一个计算层的网络称为"单层神经网络"。与神经元模型不同，感知器中的权重值是通过训练得到的。

在这个感知器的结构中，重要的事情必须说三遍：权重值可训练，权重值可训练，权重值可训练。

感知器应用举例

利用感知器构成的神经网络，最重要的用途是分类，比如——

垃圾邮件过滤神器：把邮件里出现的所有词汇提取出来，送进一个神经网里，神经网需要判断这封邮件是否是垃圾邮件，那些带有"中奖""密码"之类的关键词的邮件很可能是陷阱。分类器的输入是一堆 0、1 值，表示字典里的每一个词是否在邮件中出现，如向量（1,1,0,0,0……）就表示这封邮件里出现了很有嫌疑的两个词"中奖"和"密码"。输出 1 表示邮件是垃圾邮件，输出 0 则说明邮件是正常邮件。

看病神器：患者到医院去做了一大堆肝功、尿检测验，把测验结果送进一个神经网里，神经网需要判断这个患者是否得病，得的什么病。输出 0 表示健康，输出 1 表示有甲肝，输出 2 表示有乙肝，输出 3 表示有丙肝，等等。

　　猫狗分类：有一大堆猫、狗的照片，把每一张照片送进一个神经网里，神经网需要判断这张照片上的东西是猫还是狗。输出 0 表示照片上是狗，输出 1 表示是猫。

神经卡在"异或门"

看到感知器的成功，科学家认为发现了智能的奥秘，许多学者和科研机构纷纷投入神经网络的研究中。美国军方大力资助了神经网络的研究，并认为神经网络比"原子弹工程"更重要。这个时期是神经网络研究的第一次高潮。

明斯基的一盆冷水

1969年，人工智能领域的"大腕"明斯基（1927—2016年）泼了一大盆冷水，出版了一本叫《感知器》的书，里面用详细的数学证明了感知器的弱点，尤其是感知器连异或门（XOR）这样的简单分类问题都无法解决，而且，当时的电脑完全没有能力完成神经网络模型所需要的超大的计算量。

▲ 造成"人工智能之冬"的
明斯基

明斯基是1969年图灵奖的获得者，影响力巨大。他的悲观态度，让很多学者和实验室纷纷放弃了神经网络的研究。神经网络的研究陷入了冰河期，这个时期又被称为"人工智能之冬"（AI winter）。

这个"异或门"到底是怎么回事呢？

线性，在数学上就是一条直线。罗森布拉特的单层神经网感知器只能做简单的线性分类任务：就是在样本空间里"切一刀"（不是切西瓜），把样本分成两半，一边是"1"，一边是"0"。

x	y	x∧y
0	0	0
0	1	0
1	0	0
1	1	1

∧ = AND
∨ = OR

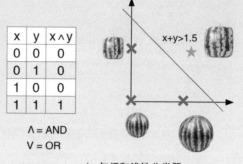

▲ 与门和线性分类器

我们还是以西瓜为例。市场上有新培育的"方西瓜"，你一下子成为"方西瓜"的粉丝，非方不买，而且还要大的。

把西瓜分成四类，x 表示大小，y 表示方圆，

圆而大（x=1,y=0）；

圆而小（x=0,y=0）；

方而大（x=1,y=1）；

方而小（x=0,y=1）。

x	y	x∨y
0	0	0
0	1	1
1	0	1
1	1	1

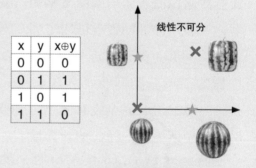

▲ 或门和线性分类器

你只选"方而大"，在逻辑上是"与"的运算，但也可以用神经元的"加权和"来表示这个分类器。

x	y	x⊕y
0	0	0
0	1	1
1	0	1
1	1	0

线性不可分

▲ 异或门和线性不可分

这个分类器，相当于在 x+y−1.5=0 处切了一刀。如果 x+y−1.5>0 就选这个瓜，在图中用"★"表示；如果 x+y−1.5<0 就不选这个瓜，在图中用"✖"表示。

你的同桌小胖是个"吃货"，除了"圆而小"的西瓜不吃，其

他的都来者不拒。这在逻辑上是"或"的运算，但也可以用神经元的"加权和"来表示这个分类器。

这个分类器，相当于在 x+y−0.5=0 处切了一刀，如果 x+y−0.5>0 就选这个瓜；如果 x+y−0.5<0 就不选这个瓜。

但是，神经网线性分类器碰到小明就麻烦了：特立独行的他，喜欢方而大呢？"方而小"和"圆而大"的西瓜。

线性分类器无法替小明"切一刀"把这个坐标分成两半：一边是他喜欢的瓜，一边是他不喜欢的瓜。

神经网的线性分类器只能长叹："拔剑四顾心茫然，异或小明分瓜难，神器真的做不到啊！"

两层神经解异或

既然单层神经网络无法解决异或问题，那么，我们就增加一个计算层，看看两层神经网络能不能解决异或问题？也就是说，切一刀不行，切两刀怎么样？

第一层是一个"或"运算和一个"与非"运算。

"或"运算的结果是在 x+y-0.5=0 处切一刀，小明喜欢的是 x+y-0.5>0；

"与非"运算的结果是在 x+y-1.5=0 处切一刀，小明喜欢的是 x+y-1.5<0。

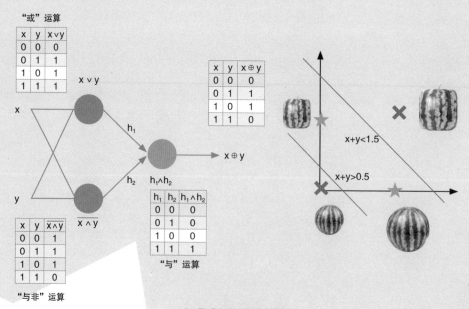

▲ 异或门和两层神经网

　　第二层是一个"与"运算，将第一层的输出作为输入，得到最后的结果。

　　"神一刀"解决不了的问题，"神两刀"轻松解决。

　　两层神经网络除了包含一个输入层，一个输出层，还增加了一个中间层。此时，中间层和输出层都是计算层。

了解我们自己

明斯基说过：总的来说，我们人类自己最不清楚人脑最擅长做什么。

人工神经网络，是一种大胆而有效的尝试：用数学模型和计算机来模仿人脑中的神经元。这是神经学家、脑科学家、数学家和计算机科学家合作努力得到的成果。

但是，这只是非常粗浅而简单的模仿，蜻蜓点水而已。整个人脑深不可测，我们对人脑复杂的网络结构了解不多，对各种感知觉、情绪，以及一些高等认知功能——思维、抉择甚至意识等，理解得远远不够。

越深入了解我们自己的大脑，越逼真地模仿它，就可以让计算机越聪明。现在的人工神经网已经在图像、语音识别方面超越了人类本身。

三思小练习

1. 请设计与门的线性分类器。
2. 请设计或门的线性分类器。
3. 请设计异或门的线性分类器。

神经元的秘密

想用一个神经元，
来解开你微笑的秘密。

先将碧螺春兑上月色，
比例恰到好处，不浓不淡。
再让桂子闪出星光，
位置妙至巅毫，不近不远。
几声杜鹃衔来妙句，
茶叶的舞姿舒展出往事数片。
不需要丝毫训练，
一切浑然天成，
熏风中便飞起天籁。

注：模仿神经元的功能来计算，关键是通过大量数据的
训练决定里面的参数。

第 5 讲

凡·高和"阿尔法狗"

——从"深度学习"到"强化学习"

学生、学霸、学神的区别

在《神经网络知多少？》里，我们知道了，神经元的结构中，重要的是权重值。

感知器的结构中，重要的是：权重值可训练。

学习的重要性

人工神经网络到底神不神，取决于网络里的权重值。而神经网的权重值，是通过对样本的训练学习来获得的。

训练学习，简单地说就是做练习题，是神经网的核心部分之一。

根据训练方法的不同，人工神经网络的学习可以分为三类：监督学习、无监督学习、强化学习。

说通俗一点就是学生、学霸和学神的三种学习方法。

监督学习

监督学习是用正确答案已知的例子，也就是用标记过的数据，来训练神经网络。

以西瓜为例，你买了 100 个西瓜，每个都切开了。你知道这 100 个西瓜的输入（100 个西瓜的圈圈、颜色、瓜蒂和纹路特征值共 400 个数据）和输出（好瓜 / 孬瓜）。

第一步：数据的生成和分类。

把 100 个西瓜分成两组，第一组叫作"训练西瓜集"，用来训练神经网络。第二组叫作"验证西瓜集"，用来检验训练好的神经网络能否判断瓜的好坏，正确率有多少。

第二步：训练。

比如你先选一个随机的权重值 w，代入第一个西瓜的特征值，神经网告诉你，这是个好瓜，结果确实是好瓜。

然后，你代入第二个瓜的特征值，神经网说这还是个好瓜，但是结果却发现这个瓜难吃。你把这个 w 做了调整，直到它告诉你第二个瓜确实难吃。

重复这个步骤，直到 50 个训练瓜的特征都被神经网"啃"一遍，我们就得到了比较合适的权重值。

第三步：验证。

接下来，就要用第二组的 50 个验证瓜，验证训练得到的模型的准确率。

这其实就是我们平时课堂上的练习和考试的过程，也是一般常见的学习方法。下面这个手写体数字的识别，就是监督学习的例子，利用手写体的数据库，进行大量的监督训练。

（图片来源：Khaled Younis/researchgate）

▲ 监督学习的例子：手写体数字识别

无监督学习

无监督学习要高级一点。比如你去参观一个画展，事先对艺术一无所知，纯属"艺术小白"。但是，你很好学，也很聪明，在欣赏完几百幅作品之后，没有睡着，反而把它们分成不同的类别，如哪些更朦胧一点，哪些更写实一些，哪些看不懂，即使你不知道什么叫作印象派、写实派和抽象派，但是你把它们分成了不同的类别。

无监督学习中使用的数据是没有标记过的，即不知道输入数据对应的输出结果是什么。无监督学习只能默默地读取数据，自己寻找数据的模型和规律，如聚类（把相似数据归为一组）和异常检测（寻找异常）——这就是学霸了。

无监督学习中的一个典型例子，就是计算机可以记录你平时使用信用卡的习惯。当别人盗用你的信用卡时，计算机会检测到异常。

强化学习

强化学习也是使用未标记的数据，但是，它的难点在于你输入数据后，并不能马上知道结果。

我们还是以西瓜为例，不过这次是要种西瓜。

种瓜有很多步骤，要经过选种、定期浇水、施肥、除草、杀虫这么多操作之后，最终才能收获西瓜。但是，我们往往要到收获西瓜之后，才知道种的瓜好不好，也就是说，我们在种瓜过程中执行某个操作时，并不能立即知道这个操作能不能获得好瓜。我们仅仅能得到一个当前的反馈，如瓜苗看起来更健壮了。因此，我们需要种很多年的瓜，不断摸索，才能总结出一个好的种瓜策略。

以后，就用这个策略去种瓜。摸索这个策略的过程，实际上就是强化学习。

可以看到强化学习有别于传统的机器学习：我们是不能立即得到结果的，而只能得到一个反馈，并且只有一点提示说明你是离目标越来越远还是越来越近。"阿尔法狗"的学习，就是一种强化学习，因为在开盘和盘中的每一步走了之后，你并不能马上知道会赢还是会输，虽然它们对终局结果有很大影响。

这就是"监督学习选西瓜，没有监督去看画，少年读者想强化，牵着'阿尔法'学种瓜"。

一般而言，数据越多，学习效果相对就会越好。但是若没有大数据怎么办？

对于人类来说，即便没有积累，没有相应的专业知识，依然能"照猫画虎"，面对陌生环境通过学习做出适应性改变。

这种不用依赖大数据的学习是人工智能机器学习的一个新方向——"小样本学习"。

有大数据的学习，是"我赏遍流年，看尽繁花，却还是爱你"。

而小样本学习，则是"只是因为在人群中多看了你一眼，再也没能忘掉你容颜"。

多层卷积网

让我们再次把视线转回到神经网络的风景线上。

生物学家发现，人类的视觉神经处理是分多个层次的：一开始是从瞳孔摄入像素；接着做初步处理，大脑皮层某些细胞发现边缘和方向；然后抽象，大脑判定物体的形状是圆形的；再进一步抽象，大脑进一步判定该物体是月亮。

2006 年，辛顿在《科学》期刊上发表了论文，首次提出了"深度信念网络"的概念。辛顿给多层神经网络相关的学习方法创造了一个新名词——"深度学习"，这属于新瓶子装了半新半旧的酒。所谓的"深"，是指神经网的层次超过两层，"套路"很深。

很快地，深度学习在语音识别领域崭露头角。

2012 年，深度学习技术又在图像识别领域再领风骚。辛顿和他的学生在 ImageNet 竞赛中，成功地对包含 1000 个类别的 100 万张图片进行了训练，取得了分类错误率 15% 的好成绩，这个成绩比第二名的错误率低了近 11 个百分点，充分证明了多层神经网络识别效果的优越性。

在这之后，多层神经网络"满血复活"，深度学习飞速发展。

模仿凡·高

多层卷积网中的卷积运算，可以非常有效地提炼出图形中的某些特征。根据多层卷积网的这一强大功能，德国的几位科学家用它来提炼画作的风格，比如，凡·高热烈恣意的风格；然后，用这种提炼出来的风格去修改任意的一张照片，得到让人意想不到的惊喜。

从凡·高的《星夜》中，提炼出不同层次、细节和用色的 5 种风格元素。然后，把一张河边房子的摄影照片，经过这 5 层卷积网的处理，凡·高的风格就能再现了！

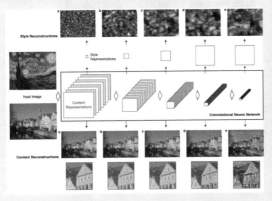

▲ 凡·高《星夜》风格的 5 层卷积网提炼

▶ 河边的房子摄影经过
《星夜》5 层卷积网处理

（图片来源：Alexander Ecker/
researchgate）

高阶阅读：卷积网

我们来解剖一下近年来在人工智能界非常流行的卷积神经网（Convolutional Neural Network）到底是怎么工作的。

1. 按图索骥的特征图

如果是电脑的印刷体，识别比较容易。如果是手写体，这些"X"虽大同小异，但机器怎么识别它们哥四个是一个呢？

我们都知道，图片在计算机内部以像素值的方式被存储，也就是说两个"X"在计算机看来，其实是两个9行9列（9×9）的点阵。其中1代表白色，–1代表黑色。

▲ 手写的 X

如果按照每个像素逐个比较，肯定是不科学的，不仅有误差，而且效率低下。我们需要把"X"的特征提取出来，然后再去看9×9阵列中有没有这些特征。

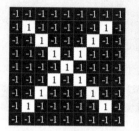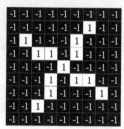

▲ 字母 X 的数字表示

▲ 字母 X 中的三个特征

我们发现"X"有3个特征："\"、"/"和"x"。前面的手写"X"都具有这3个特征。

2. 席卷全图的卷积匹配

有了特征后，机器就去搜索图形阵列里有没有这个特征，这个过程叫作"特征匹配"。

假设我们先去匹配这个从左上到右下都是"1"的3×3阵列，在图形里从左上角3×3阵列开始，对应格子上的数字相乘，然后加起来，除以9。

$[(-1) \times 1 + (-1) \times (-1) + (-1) \times (-1) + (-1) \times (-1) + 1 \times 1 + (-1) \times (-1) + (-1) \times (-1) + (-1) \times (-1) + 1 \times 1] / 9 = 0.77$

这实际上是加权求平均的过程。

这个值越接近1，表示越不匹配；

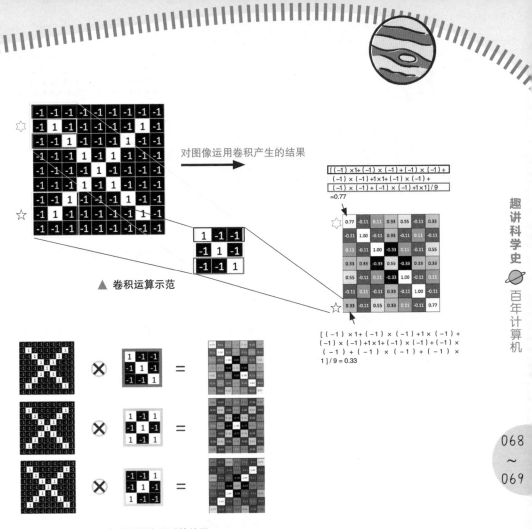

对图像运用卷积产生的结果

$[(-1) \times 1 + (-1) \times (-1) + (-1) \times (-1) + (-1) \times (-1) + 1 \times 1 + (-1) \times (-1) + (-1) \times (-1) + (-1) \times (-1) + 1 \times 1] / 9$
$= 0.77$

0.77	-0.11	0.11	0.33	0.55	-0.11	0.33
-0.11	1.00	-0.11	0.33	-0.11	0.11	-0.11
0.11	-0.11	1.00	-0.33	0.11	-0.11	0.55
0.33	0.33	-0.33	0.55	-0.33	0.33	0.33
0.55	-0.11	0.11	-0.33	1.00	-0.11	0.11
-0.11	0.11	-0.11	0.33	-0.11	1.00	-0.11
0.33	-0.11	0.55	0.33	0.11	-0.11	0.77

$[(-1) \times 1 + (-1) \times (-1) + 1 \times (-1) + (-1) \times (-1) + 1 \times 1 + (-1) \times (-1) + (-1) \times (-1) + (-1) \times (-1) + (-1) \times 1] / 9 = 0.33$

▲ 卷积运算示范

▲ 3 个特征图卷积后的结果

越接近 0，表示越不匹配；

而越接近 −1，表示正好相反。

这次运算得到了左上角 3×3 阵列和"特征"的匹配程度。然后，我们往右挪一格，再次做加权求平均，得到 −0.11。

就这样一行行扫描下来，得到了一个 7×7 的阵列，它表示了各个局部区域和"特征"的匹配程度。而这个"滑动平均"（边滑动边取平均值）的运算过程，就是卷积。卷积，顾名思义，"卷"有席卷的意思，"积"有乘积的意思。卷积运算，实质上是用一个特征阵列，从图像的小块上"席卷"过去，每一次和图像块的每一个像素乘积相加，得到一个输出值，代表了图像中元素和"特征"的匹配程度。

我们用 3 个特征进行卷积，因此最终产生了 3 个 7×7 的阵列。

把前面的卷积网制作成神经网络的功能模块，像千层饼一样一层层叠起来，每一层具备特定的功能，就形成了具备深度学习功能的多层卷积神经网络。

"阿尔法狗"

棋界至尊

深度学习除了在图像识别方面有重大突破，谷歌公司的"阿尔法狗"（AlphaGo）和"阿尔法狗元"（AlphaGo Zero）也采用了深度学习的原理，在科学界和媒体上都引起了轰动。阿尔法是希腊字母表里的第一个字母，Go 在英文里是围棋的意思。"阿尔法狗"的设计者先定下了一个小目标——就是要做棋界至尊。

阿尔法狗在 48 个 TPU（Tensor Processing Unit，张量处理单元）处理器上，"闭关"几个月，读遍了天下棋谱，学习了 3000 万个棋局，通过强化的监督学习，实现了超越。

2016 年 1 月 27 日，国际顶尖期刊《自然》封面文章报道，"阿尔法狗"在没有任何让子的情况下，以 5：0 完胜欧洲围棋冠军、职业二段选手樊麾。"阿尔法狗"在围棋人工智能领域，实现了一次

"阿尔法狗"以
4：1 的总比分战
胜世界围棋冠军
李世石

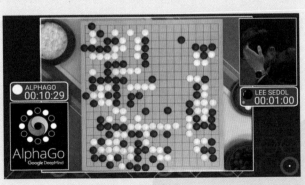

▲ "阿尔法狗" vs 李世石

史无前例的突破——计算机程序能在不让子的情况下，在完整的围棋竞技中击败专业选手，这是第一次。

2016 年 3 月 9 日到 15 日，"阿尔法狗"挑战世界围棋冠军李世石，围棋人机大战五番棋在韩国首尔举行。最终"阿尔法狗"以 4 比 1 的总比分取得了胜利。

2016 年 12 月 29 日—2017 年 1 月 4 日，"阿尔法狗"在围棋网站以"Master"为注册名，依次对战数十位人类顶尖围棋高手，取得 60 胜 0 负的辉煌战绩。

在架构上，"阿尔法狗"可以说拥有两个"大脑"：策略网络与评价网络，这两个网络基本上由一个 13 层的卷积神经网络所构成。

第一个"大脑"：策略网络。就是一个单纯的监督式网络，读尽天下棋谱，可以非常"靠谱"地预测每一个合法下一步的最佳概率，然后找到概率最高的一步，也就是所谓的"落子选择器"。

第二个"大脑"：评价网络。是在当前局势下，用卷积神经网络的方式来计算出平均胜率。

"阿尔法狗"最后的撒手锏是蒙特卡洛搜索树。它是一个搜索框架，上面的两个"大脑"就整合在这个框架里。

对于复杂的局面，理论上可以把每一步都试一遍，也就是穷举的做法，但是对于围棋这样复杂的排列组合，穷举法无法在一定时间内完成，而蒙特卡洛算法是先随便走，然后看哪种随便走的方案胜率更高就选哪个，一步一步接近最优解。

所以，"阿尔法狗"让对手感到恐怖的是，李世石在思考自己该在哪里落子的时候，"阿尔法狗"早就预测出了他可能落子的位置，而且正利用他思考的时间继续计算后面的棋路。

弟弟更厉害

"阿尔法狗"虽然厉害，却"只领风骚"一年多，就被它弟弟"阿尔法狗元"超越。"阿尔法狗元"中 Zero 的意思是从零开始，它不看任何棋谱和招式，只记住一些基本的规则，然后进行自我博弈。

"阿尔法狗元"在 4 个 TPU 上，自己左右互搏 490 万个棋局，只花了三天时间，就"练"成了"绝世武功"，100：0 战胜了它的哥哥。40 天之后，就没有任何棋手和电脑可以与它较量了。

"阿尔法狗元"的伟大之处在于，这是第一个让机器不通过任何棋谱，不通过任何人类的经验，只靠基本的规则，就无师自通成为围棋界的"独孤求败"。这在人工智能发展上是非常有里程碑意义的。

"阿尔法兄弟"的秘籍，用它们的发明人大卫·席尔瓦的话来说，就是深度学习加上强化学习。

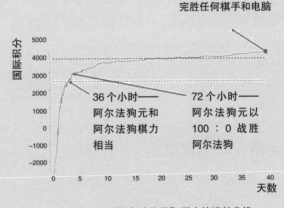

40 天——阿尔法狗元
完胜任何棋手和电脑

36 个小时——
阿尔法狗元和
阿尔法狗棋力
相当

72 个小时——
阿尔法狗元以
100：0 战胜
阿尔法狗

国际积分

▲ "阿尔法狗元"棋力的增长曲线

深度学习深几许？

人们一直认为，计算机擅长的领域是科学计算，这也是当初契克卡德、帕斯卡、巴贝奇发明计算器以及现代计算机"ABC""ENIAC"出现的原因。但是，有了机器学习和深度学习之后，计算机开始在艺术、围棋等其他领域展现出惊人的本领，并达到了非常高的水平。

如果你研究"阿尔法狗"的原理，想弄明白它这一步为什么是"挡"而不是"断"，你可能只会看到一组组非常复杂的权重数据。

那么，是谁更接近宇宙的本质？是谁更好地捕捉到了宇宙的复杂性？是人，还是深度学习？

1. 什么是监督学习？请举例。
2. 什么是非监督学习？请举例。
3. 什么是强化学习？请举例。

科学也诗意

深度网络里的思念

一朵花从枝头飘落地上，
有多少个瞬间？
一个回眸从眼帘到心神，
有多少层荡漾？

在深度的网络中，望尽天涯路，
雁字在外，逝水其间。
飘零的花在庭院，
相思的时光守在眉心。

当远方的人对着月亮遥望，
阑珊的灯火便陷入了千里的景深，
一张网，层层叠叠。

类似的结构会产生类似的功能

——仿造一个大脑

谁是"大胃王"?

耗电大户

2016 年 3 月,"阿尔法狗"战胜了李世石。当全世界都在为人工智能欢呼的时候,有一个你可能不知道或者没有留意的事实:"阿尔法狗"的超级计算机的功率是 100 万瓦!

而我们人类的世界冠军呢?他一顿饭可能只吃了一盘泡菜和烤牛肉,消耗功率只有几十瓦。从耗能来说,两位选手相差几万倍。这绝对是一场能量消耗极端不公平的比赛。

而在几年前,谷歌的大脑模拟器为了辨认 YouTube 视频中的猫,用了多少处理器?1.6 万个核心处理器!这些功能强大的人工智能机器,都是吞吃巨量电能的"大肚汉"。它们的胃口,既是天生的,也是人类惯出来的。

现在的计算机硬件平台,都是采用冯·诺伊曼在 1945 年创立的计算架构:所有的数字运算都发生在核心处理器(CPU)中,先是程序指令,然后是数据,以 0、1 序列的形式从计算机的内存流入 CPU。

后来,我们发明了图像处理芯片(GPU),让处理器做数学运算更快;再后来,我们发明了张量处理芯片(TPU),让处理器做张量运算更快。但是,它们本质上还是冯·诺伊曼框架。

为了让人工神经网计算更快,功能更强,我们把更多的处理器堆积、连接起来,让"大胃王"的胃口越来越大。

脉冲神经网

为了解决传统人工神经网功耗太大的问题，科学家提出了新一代的人工神经网络——脉冲神经网络（Spiking Neural Network，SNN），使用最拟合生物神经元机制的模型来进行计算。芯片正在开发中。

这种新的技术，也叫神经形态计算（Neuromorphic Computing，neuro 是神经的意思，morphic 是形态的意思），是由卡夫·米德教授（1934—　）在 20 世纪 80 年代提出来的。

摩尔的朋友

这位米德是摩尔的好朋友，"摩尔定律"这个词就是他想出来的。他在集成电路刚被发明的时候，就做了理论上的研究，并预言：随着晶体管尺寸越来越小，集成电路会越来越好、越来越快、越来越可靠、越来越便宜，而不是人们直觉越来

▲ 米德

越脆弱、缓慢和昂贵。他是开设大规模集成电路课程的第一人。

摩尔凭工程数据进行大胆预测，得到了"摩尔定律"，而米德则在物理上给出了依据。米德，可以说是"摩尔定律"背后那个不为人所知的男人。这位激情洋溢的教授，把集成电路用到了仿生领域，在触摸垫、助听器、视觉图像传感方面成绩斐然。

仿造一个大脑

怎么省电？

　　人脑非常节能的一个原因就是，人脑的神经元不是在每一次传播中都被激活，而是在它的膜电位达到某一个特定值时才被激活。所以，人脑里的神经元大部分时间在休息，只有当某个信号刺激超过特定的阈值，才会被"激灵"起来。

　　脉冲神经网就是要模仿这种"激灵"的过程。在脉冲神经网络中，神经元的当前激活水平（被建模成某种微分方程）通常被认为是当前状态，一个输入脉冲会使当前这个值升高，持续一段时间，然后逐渐衰退。

　　所以，这种"激灵"的过程不仅耗电少，而且计算能力更强。而传统"大胃王"之所以能耗高，是因为它一直在运转，一直在消耗。

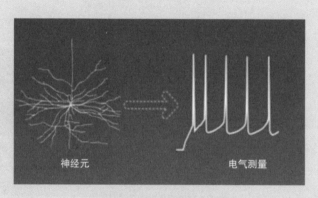

神经元　　　　　　　　电气测量

▲ 神经元里的生物电特性：脉冲

且把"形态"仿

传统的 AI 和机器学习方法是从模仿大脑"功能"出发的,看大脑有什么功能,然后用计算机去模仿出这种功能。问题是,我们对大脑能做什么以及大脑是怎么做到的并不完全了解。

而神经形态计算是从模仿大脑"结构"出发的,先去解析大脑的生理结构(神经元、突触、神经回路和皮质的功能区),然后模仿。

照样画大脑

这一派的观点是"智能"很难去理解,更难模仿。去模仿大脑的"结构",比揭开智能原理更容易。当我们可以模仿出大脑的结构,类似的结构就会产生类似的功能——你觉得这种思路对不对?

神经形态计算不但会从根本上改变目前的计算模型,甚至还可能改变我们对智能的理解。

神经形态计算相对于深度神经网络已经展示了一些巨大的提升:

因为并不是每一次都会激活所有的神经元,所以单个脉冲神经元可以替代传统深度神经网络中的数百个神经元,有更高的效率。

脉冲神经网络可以仅使用无监督技术(无标注)从环境中学习,而少量的样本可以令它们学习得非常迅速。

神经形态计算可以从学习一个环境泛化到另一个环境,这是一个突破性的能力,从而使系统的自学能力更强,更像人类的处理方式。

因为神经形态计算能效非常高，所以可以进行小型化。比如，将神经形态计算应用在机器人上，工程师不需要为机器人做世界模型的建立，而是让机器人自己去建立世界模型，这种机器人被称为"神经认知机器人"（Neural Cognitive Robot）。

神经形态计算不但要从结构上模仿大脑，而且还要从神经元和突触的模型上模仿大脑。突触是信号传递以及使大脑具有学习功能的主要微观结构。突触在大脑里的数量比神经元还要高出 1000 倍左右。突触不但数量大，而且模型十分复杂。

神经形态技术利用电子交叉开关矩阵来模

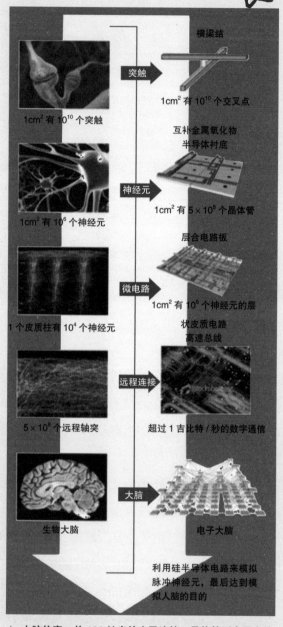

突触

1cm² 有 10¹⁰ 个突触

横梁结

1cm² 有 10¹⁰ 个交叉点

互补金属氧化物半导体衬底

神经元

1cm² 有 10⁶ 个神经元

1cm² 有 5×10⁸ 个晶体管

层合电路板

微电路

1 个皮质柱有 10⁴ 个神经元

1cm² 有 10⁶ 个神经元的层状皮质电路
高速总线

远程连接

5×10⁸ 个远程轴突

超过 1 吉比特／秒的数字通信

大脑

生物大脑

电子大脑

利用硅半导体电路来模拟脉冲神经元，最后达到模拟人脑的目的

▲ 人脑仿真：从 100 纳米的交叉连接、晶体管到电子大脑

拟突触，在每平方厘米上面放置 100 亿个交叉开关。利用晶体管来模拟脉冲神经元，层层叠加、互联，最后达到模拟人脑的目的。

众人激情扬

IBM 主导的 SyNAPSE 项目，于 2013 年开发了神经形态芯片 TrueNorth。2014 年，《科学》期刊将其列入年度十大进展。

TrueNorth 采用成熟的 CMOS 集成电路工艺和简化的脉冲神经网模型，每片集成 4096 个核，每核内有 256 个输入神经元和 256 个输出神经元。每片总计 100 万个神经元和 2.56 亿个突触连接，耗费 54 亿个晶体管，芯片功耗低至 65 毫瓦。而同等晶体管数量的传统 CPU，功耗是它的 5000 倍。

到了 2017 年，TrueNorth 的规模已经达到 40 亿个硅神经元，10000 亿个突触。

实验数据表明，它可以每秒对 1200～2600 帧图像进行分类，只消耗 25～275 毫瓦的电能，这相当于每秒每瓦处理 6000 帧图像。而 NVIDIA 最快的 GPU，每秒每瓦只能处理 160 帧图像。

高通公司的 Zeroth NPU（Neural Processing Unit）采用脉冲神经网，无须人编写任何代码，就可以学习新技能，对外界刺激作出反应。这将使"脑启发计算"（brain-inspired computing）成为现实。

高通公司为演示该项技术，专门制造了一个只访问白色地砖的机器人。把这个机器人放在含彩色地砖的地板上，这个机器人首先

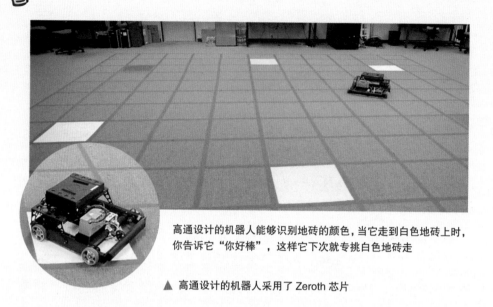

高通设计的机器人能够识别地砖的颜色，当它走到白色地砖上时，你告诉它"你好棒"，这样它下次就专挑白色地砖走

▲ 高通设计的机器人采用了 Zeroth 芯片

会全部走一遍，以熟悉环境。当它走到白色地砖上时，你点赞，告诉它"你好棒"。这样，当它下次在地板上行走时，它就专挑白色地砖走。这个过程并没有代码，有的只是你的点赞。

欧洲"人类大脑计划"于 2013 年 1 月获得欧盟批准，目的是将信息技术和生命科学结合，从单分子探测到大脑整体结构解析，实现全脑仿真模拟。

为了实现全脑仿真的目标，"人类大脑计划"支持了两台大型"神经形态计算系统"的研制：英国曼彻斯特大学的 SpiNNaker 系统和德国海德堡大学的 BrainScaleS 系统。2016 年 3 月，两台阶段样机正式上线运行。

SpiNNaker 是一种受大脑结构和功能启发的大规模并行计算体系结构，负责人是 ARM 处理器发明人史蒂夫·佛伯。SpiNNaker 系统采用定制 ARM 处理器作为基本单元，未来将集成约 100 万个 ARM 核，可实时精细仿真 10 亿个生物神经元，这大概是人脑神经元数目的 1%。

BrainScaleS 由德国海德堡大学的卡尔海因茨·迈耶教授负责，强调生物神经系统和神经形态计算之间的比较研究，研究神经元的信号处理特性及模拟电路实现。该项目在 8 英寸晶圆上实现了 20 万个神经元和 5000 万个突触，晶圆内总线速度达每秒 1 万亿次脉冲，晶圆间分布式通信速度为每秒 100 亿次脉冲。2016 年，完成了 20 块晶圆、400 万个神经元和 10 亿个突触的神经形态计算系统。

参数	IBM TrueNorth样片性能				
年份	2013	2014	2017	2018	人脑
神经元数	1.00E+06	1.60E+07	4.00E+09	1.00E+10	2.00E+10
突触数		4.00E+09	1.00E+12	1.00E+14	2.00E+14
功耗（瓦）		5.45E+04	4000	1000	20

▶ IBM 的神经形态芯片 TrueNorth 规模发展趋势

仿造一个大脑

多核机器，500000 个核，实时仿真器，英国曼彻斯特　　物理模型机，20 个硅模块，X10000 加速系统，德国海德堡

两台机器从 2016 年 3 月 30 日开始运行，属于"人类大脑计划"的平台系统

◀ 欧洲的 SpiNNaker 和 BrainScaleS

（图片来源：欧盟研究项目 humanbrainproject）

何时能逞强？

从模仿鸟的飞行、鱼的游动，到仿造一颗大脑，仿造一切见到的事物，人类的好奇心永无止境，探索的激情永无止境。

美国作家玛蒂娜·罗斯布拉顿说："拥有数以十亿计真核细胞的小鸟，要比只拥有 600 万个组件的波音 747 飞机复杂得多。但是今天，飞机比鸟儿飞得更远、更高、更快。"

那么，我们仿造的大脑达到一定的水平之后，是不是也会出现类似的奇迹，比人脑更聪明呢？

三思小练习

1. 脉冲神经网的好处是什么？

2. 请构思一篇有关仿脑的科幻故事。

3. 仿脑的科学家认为：当我们可以模仿出大脑的结构，类似的结构就会具备类似的功能。你认同吗？为什么？

造脑

摹写所有的皱褶、沟壑和相连，

一亿，十亿，百亿，千亿，

终于用足够的神经元，

架起仿真的大脑，

底定三秦残局，只在温酒之间。

聚散两依依，

是琼瑶的一个故事？

还是一生中躲不开的悲喜？

此刻的静默，

是没有信号的输入？

还是无数情绪的交错？

你，距离契克卡德四百年，

和我，始终隔了一段人间的烟火。

注：仿人脑计算最终的目标是复制上千亿的神经元、
突触等。契克卡德是发明第一台计算器的人。

第7讲

心有所念，脑有所波

——将大脑接上电脑

人机接口 "黑科技"

"硅谷钢铁侠"马斯克在 2016 年创办了一家脑科技公司 Neuralink。据说，他创建这家公司时的想法，是担心人工智能无限度的发展会很大程度地抑制人类自己的智能。与其如此，不如在大脑皮层再增加一层 AI 数字层，通过接口让人类和计算机相连，与云端无线连接，让人类自己变成智能！

这不由让人想起科幻大片《阿凡达》。该影片中，男主角是一位坐在轮椅上的残障人士。然而，他通过大脑控制一个人造"外星人"的躯体，在一个叫"潘多拉"的星球上演绎了一场"心灵感应"的奇妙故事，经历了一次惊天动地、神奇无比的历险。

那么，电影中的外部设备如何读懂你的脑子里想的是什么呢？

心有所念，脑有所波

人的大脑是一个高度复杂的信息处理系统，它由数十亿个神经元通过相互连接来进行信息交流，以整体协调方式来完成各种各样的认知任务。

科学家发现，人的大脑在进行思维活动、产生意识或受到外界的刺激（如视觉、听觉等）时，会有一系列的电活动伴随其神经系统运行，从而产生脑电信号——脑电波。戴上特殊的"读脑"头盔，我们可以在大脑外面接收脑电图信号。

但是，由于脑颅骨的电导率低，脑电波在穿过头颅骨这一过程中，电势迅速地衰减。一般的脑电图提供大约 5 毫秒的时间分辨率和 1 厘米的空间分辨率，幅度在 5~300 微伏，频率在 100Hz 以下。在大脑外接收脑电图，就好比在砖墙外听屋内人谈话，总是隐隐约约、模模糊糊。

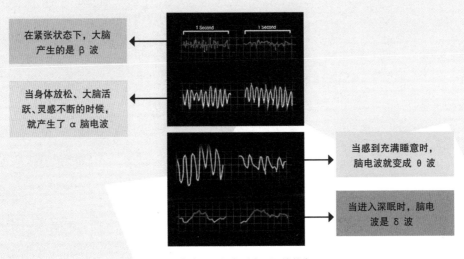

在紧张状态下，大脑产生的是 β 波

当身体放松、大脑活跃、灵感不断的时候，就产生了 α 脑电波

当感到充满睡意时，脑电波就变成 θ 波

当进入深眠时，脑电波是 δ 波

▲ 脑电波不同频率对应不同的状态

　　"脑机接口"技术，就是通过采集大脑皮层神经系统活动产生的脑电信号，经过放大、滤波等，将其转化为可以被计算机识别的信号，从中分辨人的真实意图。

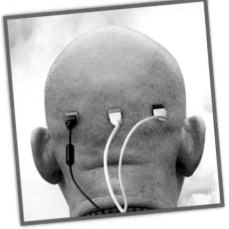

▲ 脑机接口

　　采用"脑机接口"技术，可让外部设备读懂大脑神经信号，并将思维活动转换为指令信号，来实现人脑思维的操控。人脑想执行某个操作，不需要通过肢体动作，只需用意念控制。

　　所以，"脑机接口"的第一步，是怎么去捕获这些电波信号，读懂这些信号，从而控制外部物体。

无创还是有创？

用设备去读取脑电波有两种方式：一种是无创式，另一种是有创式。

无创式，就是没有创口，在大脑外部设置捕捉器。大家别小看这么可爱的头盔，它能把人脑所想一一捕捉。

要更好地解读人脑产生的电波，需要尽可能接近信息源——脑神经细胞。科学家提出了让人"脑洞大开"的大胆想法：打开头颅，把微型电极放置在大脑皮层之上、硬脑膜之下的区域。

这就是有创式，也就是侵入式，即在大脑中植入脑活动捕捉器。

▲ 头盔式

"脑洞大开"

在大脑皮层接收到的脑皮层电图信号，与脑电图相比幅度和分辨率大大增加。幅度 10 微伏 ~5 毫伏，频率在 200Hz 以下。就是说，幅度增强了 10 倍以上，频率范围拓宽了一倍。以前戴着头盔听不清、听不到的脑电波，现在因为"脑洞大开"，变得"豁然开朗"了。

把设备（芯片、电极、传感器等）植入大脑，这件事是不是想想都有些可怕？

　　不过，如果可以把百科全书植入大脑，成为横扫考场的"学霸""学神"，你是不是觉得可以狠下心试一试？

　　当然，要保证这个设备能够在使用者活着的时候都能正常运作，无论是在医学上，还是在微电子技术上，都是非常大的挑战。

　　2008 年，美国的科学家在一只猕猴脑部植入电极，让猕猴在跑步机上直立行走，再从植入脑部的电极获取神经信号，并通过互联网将这些信号连同视频一起发给日本的实验室。最终，这只在美国的猕猴成功地用"意念"控制日本实验室里的机器人，让机器人做出了相同的动作。

　　到目前为止，"有创式脑机接口"不仅在猴子、猫、老鼠等动物身上实验成功，还在人身上得到了应用。这些应用，不仅可以帮助瘫痪的患者重新获得行动能力，还能让失明的患者"重获光明"。

　　1999 年，哈佛大学和加州大学伯克利分校的科学家在猫的丘脑外侧植入微电极，根据电极接收到的信息来重建视觉图像。

　　虽然现在这些再生的图片还是很模糊，只有大概的轮廓，但是，科技的进步日新月异，相信在不久的将来，当这些图片变得越来越清晰的时候，我们就能读懂人的思维，读懂人的梦境。

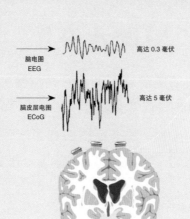
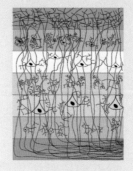

脑电图
EEG
高达 0.3 毫伏

脑皮层电图
ECoG
高达 5 毫伏

▲ 脑电图和脑皮层电图

侵入的挑战

传统的硅或者金属制成的电极阵列，在植入脑部时会对脑部组织造成损害，还容易产生危害人类性命的反应。

另外，由于电极之间的隔离空间大，检测信号的分辨率会很低。

更让人郁闷的是，它工作时间短，不稳定，通常仅仅工作几个月就会停止工作。患者需要进行多次外科手术来置换电极阵列，开颅就如家常便饭，这也太让人"脑洞常开"了。

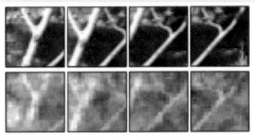

▲ 科学家解读出来的"猫眼看世界"

所以，"有创式脑机接口"还未成熟，还有很多技术难关要攻克。

那么，是什么造成了"有创式脑机接口"在几个月后停止工作的呢？

科学家发现，在电极植入过程中有两种生理反应。

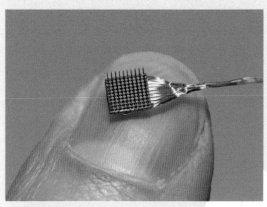

（图片来源：Stanford Neural Prosthetics Translational Laboratory）

▲ "脑门"微型电极阵列

手术时的急性反应

在植入电极的手术过程中，不可避免地会造成脑部血管的切断、破裂。不过，科学家根据大量实验发现，这些急性的反应，如果不是特别严重的话，一般在术后 2 ~ 4 周就会减小甚至消失。当然如果手术失败，把人整蒙了或者整瘫了，就另当别论了。

脑组织对电极植入的慢性反应

大脑神经中的胶质细胞承担着免疫的任务。

胶质细胞检测到异物的侵入时，会在侵入的电极周围生成一种酶，试图吞噬、"消灭"电极。但是由于电极的材料很不容易酶解，这些胶质细胞会释放一种物质，杀死电极周围的神经细胞。

这些被杀死的细胞会附着在电极周围，把电极包裹起来。在这个"抗战"过程中增生的胶质细胞，也包裹在电极周围。

这些增生的胶质细胞和死亡的神经细胞被形象地称为"胶质疤"，它们把电极和活的神经细胞隔开，起到了绝缘的作用，使得电极上接收到的脑皮层信号大大减弱。日积月累，电极终将接收不到电波信号。

大脑免疫系统为对抗异物侵入而产生"胶质疤"，是造成"有创式脑机接口"用不了多久就失效的主要原因。

科学家的妙招

如何减少"有创式脑机接口"对脑部的伤害并让它能长期工作，这是科学家长期以来研究的重点。

第一种方法是"怀柔"。

科学家研制出一种新型脑部植入电极，主要是由 2.5 微米厚的丝质基材组成，可以严密贴合脑部曲折的表面。

研究人员在超薄塑料层上铺上丝质基材，随后安置数十根金属电极。丝质基材具有水溶性和生物兼容性，植入脑部后可溶解，电极随即贴在脑部，自然固定。

这种新植入的电极，丝质材料柔软超薄，灵敏度高，还可以抵达更多的大脑区域。科学家将新型电极植入猫的大脑，随后检测猫的视觉中枢对神经系统的反应。结果显示，新型植入电极成功地记录了猫的神经系统活动，而且没有出现任何免疫反应。

第二种方法是"安抚"。

在植入电极时，也植入起抗炎作用的药物，其在脑内缓慢释放，消除免疫反应。

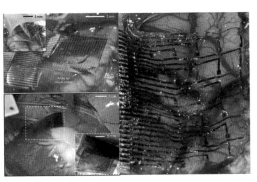

（图片来源：Dae-Hyeong Kim/Nature Materials）

▲ 柔软超薄的新型微电极阵列

第三种方法是"疏导"。

在电极上涂上一层增强导电性的生物涂层，以抵消胶质细胞的绝缘作用。有了这层导电的物质，电波可以穿透"胶质疤"。

第四种方法是"伪装潜伏"。

在电极上涂上一层物质，误导脑中的胶质细胞，使其把电极当作脑体的一部分，而不把它当作侵入的异物。这样一来，胶质细胞就不会试图"杀死异物"了。

还有一种非常巧妙的方法是"亲和同化"。

在电极里加入神经营养物质，这种物质对脑部的神经细胞有亲和作用，鼓励脑神经细胞在电极周围生长。这不仅是"伪装"，而且是"同化"了。

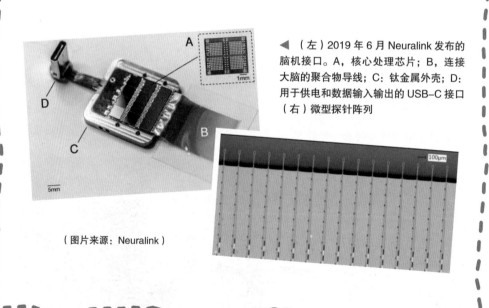

◀（左）2019 年 6 月 Neuralink 发布的脑机接口。A，核心处理芯片；B，连接大脑的聚合物导线；C：钛金属外壳；D：用于供电和数据输入输出的 USB-C 接口（右）微型探针阵列

（图片来源：Neuralink）

"大脑网络"

在"脑机接口"的研究方面，科学家还想利用脑机界面，将不同大脑直接连接起来。

2013 年，杜克大学研究人员宣布，他们成功地通过互联网将两只老鼠的大脑连接到了一起（称为"大脑网络"），让身处不同国家的老鼠在互联网上合作完成了一些简单的任务（肯定和吃东西有关啦）。

我们很好奇当一只老鼠在唱"我爱你，爱着你，就像老鼠爱大米"的时候，另一只老鼠会有什么反应，它的脑中是会出现满仓的大米，还是同伴可爱的身影？

同年，哈佛大学的科学家宣布成功利用一个无创"脑机接口"，在老鼠与人的大脑之间建立起了功能联系。有了人脑、鼠脑之间的这种联系和协同，下次拍摄《小老鼠斯图尔特》或许可以不需要动画特技了。

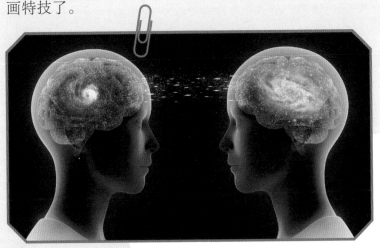

◀ "意念交流"离我们有多远？

在遥远的未来，我们可以将人脑电波转换成电磁波，通过Wi-Fi，被另一个人接收，再转化成脑电波，这样会不会实现"人脑"之间的交流，你小脑筋一动，对方就懂了？

◀ 小老鼠上网连接

（图片来源：Miguel Nicolelis/Duke University Medical Center）

不过，如果你不想别人"读你"，上街时一定要记得关掉机器，不然，你脑子里想的都被人接收到了，说不定你的银行卡密码就此泄漏了呢。

"脑机接口" 的未来

科学家预测：

2020—2025 年：由于纳米技术的发展，我们能够研发出更小更精密的植入芯片。

2026—2030 年：可以将人脑移植到机器人，就如《机器战警》一样。巧合的是，这部电影的时间设定正是在 2028 年。

2045 年：对人脑和思维完全揭秘，理解人脑是怎么工作的。

2060 年：人的梦境可以在电脑屏幕上显示出来，就如播放电影一样。你的梦境，电脑能读懂。

2070 年：人类可以非常容易地通过思维与外接设备进行直接的无线通信和控制，实现"e 冥想"。

2080 年：人脑和电脑连起来，协同配合解决几个并行的问题。

2090 年：将人去世后大脑的思考能力和思维模式转移到电脑，电脑可以继续相同的思维模式，从而在某种意义上实现人脑记忆和思维模式的"永生"。这是 1990 年的科幻电影《宇宙威龙》的故事。再次巧合的是，电影中故事发生的时间设置在 2084 年。

三思小练习

1. 请列举"脑机接口"的应用。
2. 你认为未来能读懂人的梦吗？请构思一个科幻故事。
3. 你认为未来能把人的记忆上传到电脑备份吗？请构思一个科幻故事。

读梦

你说，
这一片夜为何如此熟悉？
有清风捧住落花的轻叹，
有湖水拾起月色的银鳞。

往事太沉，流水太轻。
归期太远，回忆太近。

当护城河如同虚设，
重重关山挡不住云的步履。
比科学的预言提前四十年，
我们看清了彼此的梦境。

注：科学家预言，到2060年，人的梦境可以在
电脑屏幕上显示出来。

第8讲

这不是事儿！

——"喵星人"眼中的量子计算机

不一样的量子计算

我们先回顾一下历史上出现过的计算机，让计算机里的最基本元件列队展示一下它们的风采。

机械计算机以齿轮的转动来改变状态从而进行算术运算。

机电计算机以继电器的开合来改变状态，大大简化了机械的设计。

0与1分明

电子管以真空管中电流的通和断改变状态，彻底摆脱了机械，速度得到大大提高。而二进制的引入，开启了现代计算机的先河。

晶体管以半导体中的场效应造成的电流通断来改变状态，而大规模集成电路技术和摩尔定律，让几十亿个晶体管集成在方寸之间。

所有这些电子计算机，它们采用的基本元件的基本状态，都是确定的，只能在0或1这两种状态中二选一，不能模棱两可，似是而非。

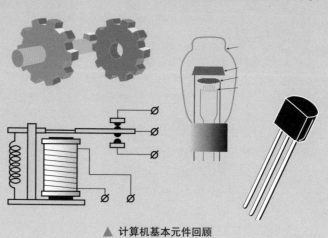

▲ 计算机基本元件回顾

叠加态

而接下来出现的量子计算机，它的基本单元是大名鼎鼎的"薛定谔的猫"——一个个状态不确定的量子。

在量子物理中我们学过，"薛定谔的猫"处于"生"和"死"的叠加态，既是生的，也是死的，直到我们观察的那一瞬，才决定猫的生死。

而量子计算机恰恰是利用量子叠加态，每个量子比特（qubit）可以同时处于 0 和 1 这两种状态之中。叠加态是重点。

那么，问题来了：以量子比特来做计算有什么用呢？我们要明确的结果，不要模棱两可啊。

我们来看一个例子，假如你的计算机密码是一个 4 比特的数字，小明如果要破解这个密码，就要用 0000 到 1111 中的 16 个组合一个个试验下来。

趣讲科学史 百年计算机

"喵星人"眼中的量子计算机

量子物理的"薛定谔的猫"，
处于生死的叠加态

传统比特

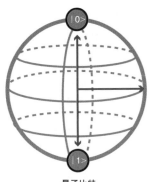

在 0 和 1 的两边分别加上竖线和尖括号，|0>，|1>，是量子比特和量子计算的狄拉克符号

$$\frac{|0>+|1>}{\sqrt{2}}$$

这个分数表示一个处于叠加态的量子比特，0 和 1 的概率相等，根号 2 是归一化系数

量子比特

▲ qubit 是量子计算机内部基本单元

这里面有 16 种可能，对不对？是需要串行处理，一个一个试的。

而量子计算机是怎么破解密码的呢？它把 4 个量子比特放进去，每一个量子比特同时是 0 和 1，你的密码肯定在里面了，一下子就算出结果了。

你可能会马上反对：这 4 个量子比特确实包含了所有的可能性，但是，正确的密码只是其中之一而已。小明观察的一刹那得到的结果，可能是对的，也可能是错的。

4 比特密码

0000 0001 0010 0011
0100 0101 0110 0111
1000 1001 1010 1011
1100 1101 1110 1111

一般计算机

量子比特

量子计算机

▲ 传统计算机破解密码和量子计算机破解密码

量子计算机的纠错

这个问题切中了要害。这里面就有量子计算机的关键技术：**通过一定的算法，量子计算机可以让正确的概率大大增加，错误的概率大大减少。**注意哟，量子计算机是"让正确的概率大大增加"，说明还是可能有错误的。量子计算机为了纠错，要让几组同时运算，还要算好几次，然后，再选择结果。目前的量子计算机做的计算，还要通过传统计算机来验证。

从这个例子也可以看出，量子计算机并不是用来代替我们现在的计算机处理文档、播放视频的，它在很多地方是比不过传统计算机的。

　　最能让它发挥威力的地方，是在无数种可能中找到正确的解答。它用 n 个量子比特来解决传统计算机算 2^n 种可能的运算。这是 n 和 2^n 的差别！

　　接下来我们来讲几个关键的细节：

　　我们用什么来做量子比特？

　　我们怎么来保证打开笼子的瞬间得到的结果是正确的那一个？

　　量子计算机可以用在具体哪些地方？

寻找量子比特

在微观世界的很多粒子，可以用来作量子比特。比如：

光子的极性：水平（0）或者垂直（1）。

电子的旋转：上旋（0）或者下旋（1）。

原子核的旋转：上旋（0）或者下旋（1）。

超导量子比特：上旋（0）或者下旋（1）。

这些量子比特可以进入叠加态，同时处于0和1，比如，超导量子比特可以同时上旋和下旋。

由于0和1两种状态之间的能量相差太小，这些微观粒子的特性是很容易受到外部环境干扰的，温度、空气和磁场都会干扰到它，所以，量子比特需要近乎真空和近乎绝对零度的环境，还要磁场保护。

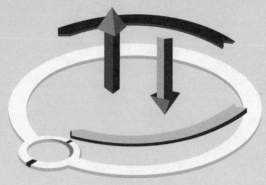

▲ D-Wave 公司的超导量子比特

很多处理器温度需要一直稳定在 −273℃，只比宇宙绝对零度高 0.15℃而已。

除此之外，量子计算机还要放到磁场是地球磁场 5 万分之一（基本相当于没有磁场）、压强是地球大气压 100 亿分之一（基本相当于真空）的环境中，以保持量子态的稳定。只有在这样的环境下，才能对量子进行控制。

▲ IBM Q 量子计算机

量子门运算

量子计算机的设想，最早是诺贝尔物理学奖获得者、美国物理学家费曼（1918—1988 年）在 1982 年提出来的。他被认为是爱因斯坦之后最睿智的理论物理学家，也是开创纳米技术和量子计算机概念的人。他发现，分析模拟量子物理世界所需要的计算能力，远远超过了传统计算机

▲ 费曼

所能达到的能力，而如果用实验室中一个可控的量子系统来模拟和计算另一个我们感兴趣的量子系统（比如宇宙），会非常高效。量子计算机将数学、物理和计算机交融在了一起。

量子计算机的概念在被提出后，一直只是一种理论和设想，因为无法保证观察的那一刻是正确的结果。直到 1994 年，当时在贝尔实验室工作的彼得·舒尔（1959— ）找到了一种方法，可以利用量子叠加态来完成大数的因子分解，计算速度远远胜于传统计算机，并且让正确结果更可能发生。舒尔年轻时就是数学天才，曾获得过数学奥林

▲ 舒尔

匹克的银牌。

这些基本的量子门，类似于传统计算机中二进制的非门、与门、或门逻辑电路，用来完成量子计算机里的基本运算。

通过巧妙的设计，这些叠加和纠缠的量子会让正确的结果发生的可能性增大，错误的可能性减小。这里面牵涉很多数学运算，我们略过不提。有兴趣的读者可以从量子门逻辑入手，做进一步了解。需要注意的是，物理上的量子比特很不稳定，非常容易受到周围环境的影响而丧失量子态。这就是"量子退相干"过程。

此外，粒子之间状态的耦合也有时间限制，时间一长，两个粒子将不再"相干"。

在进行量子计算实验时，所有的量子操作要在量子退相干之前完成才能保证量子操作的保真度，否则运算结果将不再可信。

另外，还有很重要的一点：要保证计算的输出是程序逻辑的结果，而不是量子噪声的后果，量子计算机必须有纠错机制，让计算机可以从很多个结果里面选择正确的。

目前人类所知的量子纠错机制，必须用上百个原始的量子比特才能产生 1 个稳定可靠的逻辑比特。而我们破解密码真正管用的是逻辑比特。所以，当我们看到谁谁谁推出了上千个量子比特的计算机，要明白这是原始的物理量子比特，而不是逻辑比特。

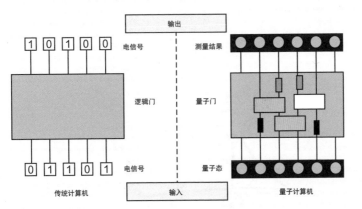

▲ 传统计算机中的逻辑门和量子计算机里的量子门

量子计算逻辑门的例子

比如，我们用 [1，0] 表示上旋的量子比特，[0，1] 表示下旋的量子比特，那么 [1，1] 就表示处于叠加态的量子比特。

用数学来表示，经过 Hadamard 门的粒子做了一个矩阵运算，乘上了矩阵：

$$\frac{1}{\sqrt{2}}\begin{bmatrix} 1 & 1 \\ 1 & -1 \end{bmatrix}$$

比如上旋量子比特 [1，0] 经过 Hadamard 门后，

$$\frac{1}{\sqrt{2}}\begin{bmatrix} 1 & 1 \\ 1 & -1 \end{bmatrix}\begin{bmatrix} 1 \\ 0 \end{bmatrix}=\frac{1}{\sqrt{2}}\begin{bmatrix} 1 \\ 1 \end{bmatrix}$$

它既是上旋的，也是下旋的，处于叠加态。我们忽略里面的 $\sqrt{2}$，这是一个归一化的系数。

很神奇的是，这个叠加态量子，再一次经过 Hadamard 门后，会恢复到原来的状态——上旋！

$$\frac{1}{\sqrt{2}}\begin{bmatrix} 1 & 1 \\ 1 & -1 \end{bmatrix}\frac{1}{\sqrt{2}}\begin{bmatrix} 1 \\ 1 \end{bmatrix}=\begin{bmatrix} 1 \\ 0 \end{bmatrix}$$

另外还有实现"量子纠缠"的 CNOT 门等。

大展神威

前面我们说过，量子计算机不是用来处理文档、数据库等一般事情的。它最擅长的是从很多可能中选取一种最优的方案，而这些问题的复杂度往往是指数级增长的。

最早的应用当然是解开电脑的密码。如果采用 256 比特 RSA 密钥，传统的计算机有 2^{256} 种可能去尝试。2^{256} 是多大的一个数字呢？十进制是 78 位数：11579208923731619542357098500868790785 3269984665640564039457584007913129639936。

即使是全球领先的"天河二号"超级计算机，也需要几百万年才能算得出来。

而如果是 2048 位的密钥——这个目前世界上比较安全的密钥，

👆 "喵星人"眼中的量子计算机

◀ 量子计算
机里的芯片

即使采用优化的算法，也需要上亿年的时间解密。

但是碰到量子计算机，这不是事儿！如果造出 2048 个逻辑量子比特的计算机，解密或许就是喝一次下午茶、吃一颗巧克力的工夫。

量子计算机可以做分子级别的仿真，用于化学、药物和材料方面的研究。

即便是由几个原子构成的最简单的几种，当我们想仿真电子之间的相互作用，就会牵涉超大量的计算。目前最快的传统计算机，也只能仿真复杂度很一般的分子。

量子计算机可以用于机器学习和样本训练，还能帮助选择大城市中的最佳行车路线。

量子霸权

和量子计算机常常一起上头条的，是一个霸气的名词——"量子霸权"。

量子霸权（quantum supremacy）这个翻译不是很准确，说是"量子优越性"可能更恰当一些。这是指在未来的某个时刻，功能强大的量子计算机可以完成经典计算机几乎不可能完成的任务。到了那时，现在互联网和银行的加密系统都必须采用新的技术，不然，在量子计算机面前如同虚设。

不过，实现量子优越性，绝非易事。

2018 年 9 月，国防科技大学吴俊杰团队与上海交通大学金贤敏合作，在《国家科学评论》上提出了一个"量子优越性的标准"。

他们用"天河二号"超级计算机完成了"玻色子采样问题"，推断出"天河二号"模拟 50 个光子的"玻色子采样"需要约 100 分钟。也就是说，实际的量子物理装置一旦能够在 100 分钟以内完成 50 个光子的玻色子采样，就在求解这个问题上超过了"天河二号"，实现了"量子霸权"。

2019 年 9 月 20 日，谷歌研究人员架设出 54 位量子比特的量子计算机。对量子电路的一个实例取样 100 万次，仅需 200 秒便完成运算。而用传统超级计算机"Summit"来运行，预计需要 1 万年的时间——这就是所谓的"秒赢"吗？2019 年 10 月 23 日，《自然》正式发表了谷歌的论文。

　　不过，IBM 表示强烈"不服"，提醒大众对于量子计算机的成果要抱谨慎的态度，并宣称谷歌所谓"1 万年"的问题，实际上传统的超级计算机只需要 2.5 天就能解决。而且，这个问题并不实用。

　　当然，量子计算机的拥趸认为这是相当于莱特兄弟试飞成功的时刻：虽然只是 12 分钟，却证明了飞机飞行的可能性。

　　孰是孰非，时间会给出证明。

　　如果几十年后回望，那时候看 54 位量子比特计算机，就如我们今天看 ENIAC，笨重、原始而简单。新的技术往往以我们预料不到的速度飞快发展。你愿意见证这样的奇迹吗？

　　注：根据 2023 年的相关数据，IBM 的量子计算机将超过 1000 多量子比特。

三思小练习

1. 量子计算机的主要原理是什么？

2. 什么是量子比特？

3. 请列举量子计算机的几个应用。

世界线：量子计算机之诗
——艾米·卡塔扎娜

美国诗人艾米·卡塔扎娜利用拓扑量子计算机的架构图，写了一首诗。

右图是量子计算机架构，包含4个量子比特。计算的路径（或更确切地说，它们的世界线）通过节点交织在一起，像一束束辫子。

▲ 拓扑量子计算机架构

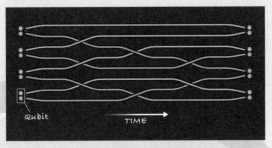

▲ 量子诗歌

（图片来源：Amy Catanzano/aps）

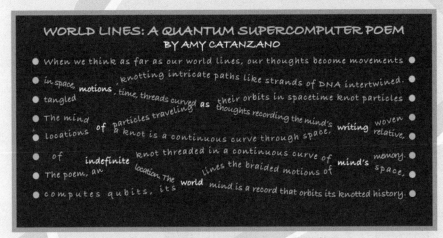

在上图的诗中，她用了4组诗意的句子，相互交错。在两条线相交的节点，是两句诗共享的一个词。读者可以顺序阅读文本的每一行，或者遇到文本节点时，从一行拐到另一行，进入另一番意境。就像在拓扑量子计算机中，不同路径会导致不同的"计算"。

第9讲

"机器人三定律"能保护我们吗

——人工智能

源起

在 20 世纪 50 年代，计算机开始大规模生产并进入商业领域。

虽然那时候最强大的计算机的运算能力与现在的智能手机相比有天渊之别，但是，这丝毫没有限制科学家的想象力。

科学家设想：计算机是不是也可以和人一样进行推理，具有和人一样的认知能力？

要知道当时的计算机处理能力尚不及老鼠大脑的百亿分之一。提出这个设想的，就是天才图灵。他在 1950 年提出的 "图灵测试"，成为判断机器是否能够思考的著名试验。

1956 年 8 月，在美国汉诺斯小镇宁静的达特茅斯学院，十几位年轻的科学家聚在一起，搞了一个讨论班。

| 麦卡锡 | 明斯基 | 香农 | 所罗门诺夫 | 纽厄尔 |

| 西蒙 | 塞缪尔 | 里奇 | 罗切斯特 | 摩尔 |

▲ 1956 年达特茅斯大会的部分参加者

小伙伴们在近两个月时间里，讨论一个天马行空的主题：用机器来模仿人类学习以及其他方面的智能。

虽然在会议上大家没有达成普遍的共识，但是为会议讨论的内容起了一个响亮的名字：人工智能（Artificial Intelligence, AI）。因此，1956 年也就成了"人工智能元年"。

而这个小组的小伙伴们，有四位先后获得了图灵奖。这个达特茅斯大会，或许可以戏称为"图灵奖短训班"。

未来图灵奖大召集

会议开完后，小伙伴们各自回归到自己的门派，练独门绝招，并在当时引领了一波"人工智能"的研究热潮。

约翰·麦卡锡发明了 LISP 语言，其在人工智能领域应用了长达三分之一个世纪。他在 1971 年获得了图灵奖。

艾伦·纽厄尔和赫伯特·西蒙在达特茅斯会议上，展示了他们的程序"逻辑理论家"，可以独立证明出《数学原理》第二章的 38 条定理；而到了 1963 年，该程序已能证明该章的全部 52 条定理。1975 年，他俩一起因人工智能方面的杰出贡献而被授予图灵奖。三年后，赫伯特·西蒙获得诺贝尔经济学奖。

马文·明斯基把人工智能技术和机器人技术结合起来，开发出了世界上最早的能够模拟人活动的机器人 Robot C，使机器人技术跃上了一个新台阶。1969 年，他被授予了图灵奖。

阿瑟·塞缪尔在 1959 年创造了"机器学习"这个词，将机器学习定义为："在不直接针对问题进行编程的情况下，赋予计算机学习的能力。"他曾设计了一个跳棋程序，战胜了当时全美排名第四的棋手，引起轰动。

"信息论之父"香农，设计了一只电动老鼠，它可以自己走出迷宫。

1964年，麻省理工学院教授约瑟夫·魏岑鲍姆开发了一个计算机程序——聊天机器人Eliza，这个聊天机器人能扫描一行行文字，并对特别的关键词作出回应，非常适合承担临床心理医生的工作。实际上Eliza没有智能，它并不知道你谈话的"意思"。它只是一只聪明一点的"鹦鹉"，可以把你说话的关键词匹配并置换，让你错以为它是个有智能的心理医生。

推理能力

在这一时期，研究者认为只要机器被赋予逻辑推理能力，就可以实现人工智能。所以，人工智能主要研究机器如何认知推理。

同时，由于彼时计算机处理速度很有限，加上研究还只是起步，只能小打小闹解决一些简单的问题：下棋只能是跳棋，聊天机器人靠"忽悠"，感知器只能做简单的分类。但是，这些前行者的探索，为后来者照亮了脚下的路。

后来人们发现，只是具备了逻辑推理能力，机器还远远达不到智能化的水平。

加上明斯基发现单层人工神经网的局限性，从内部给了人工神经网络一闷棍，使得人工神经网络领域的发展长年停滞。人工智能的研究在20世纪70年代后期进入了"寒冬"。

20世纪50~70年代见证了人工智能的第一次兴起和沉寂，属于"推理时代"。

再战人工智能

到了 20 世纪 80 年代，人们认为要让机器变得有智能，除了保留"首战"里获得的"推理能力"，还应该设法让机器学习知识。

人工智能开始进入了"知识工程"时代，各类专家系统应运而生：有医疗的专家系统，下棋的专家系统，教小学生奥数的专家系统，等等。

专家系统可以看作一类具有专门知识和经验的计算机智能程序系统：

专家系统 = 推理机 + 知识库

国际象棋大师

1997 年，IBM 的超级计算机"深蓝"战胜国际象棋世界冠军卡斯帕罗夫，是人工智能在这个阶段的里程碑。

不过，传统的专家系统是基于各种规则的，有致命的缺陷。专家系统虽然具备了"推理机 + 知识库"，却是一个照本宣科、没有记忆、不吸取教训的"书呆子"。机器只不过是一台执行知识库的自动化工具而已，无法达到真正意义上的智能水平进而取代人力工作，专家系统发展到了瓶颈期。

人工智能在 20 世纪 80 年代末进入了第二个"寒冬"。

尽管如此，IBM 继续在"严冬"里前行，将这种"推理机 + 知识库"的专家系统做到了极致。

2011 年，IBM 的超级计算机"沃森"与两名选手肯·詹宁斯和布拉德·鲁特在电视问答游戏节目 *Jeopardy* 中进行了对战。"沃森"轻松赢得了这场为期两天的比赛。

　　它做得很好的原因是，在提出问题后，"沃森"只是通过搜索所有可用的数据来查找答案，并计算出最可能的答案。

　　之后，IBM 将"沃森"应用到许多行业。例如，"沃森"肿瘤诊断系统，可以分析数以百万计的数据点，给每个患者提供有理有据的癌症治疗方案，准确率达到了 93%。

三战人工智能

人工智能的研究者，在"推理机＋知识库"的路走不通之后，开始转向概率统计的建模，"从数据中找出蛛丝马迹"，从中学习，然后对真实世界中的事件做出决策和预测。

人工智能和其他技术融合起来，生成了很多"子学科"。例如，计算机视觉（包括模式识别、图像处理等）、自然语言理解与交流（包括语音识别、合成、翻译等）、认知与推理（包含各种物理和社会常识）、机器人学（机械、控制、设计、运动规划、任务规划等）、机器学习（各种统计的建模、分析工具和计算的方法）。这些都可以称为人工智能的"分身"。

当这些技术发展到一定程度，人工智能可以看懂视频图像，听懂人类话语，理解人的意图，像人一样可以学习，举一反三。

第三战的背景

人工智能的第三战势头迅猛，主要得益于三个方面技术的发展：

第一，多层神经网、深度学习技术，使得计算机对于知识的理解有了很大的进步。

第二，图像处理芯片和人工智能处理芯片的发展日新月异，这给了人工智能一颗"快速学习的心"。

第三，大数据为人工智能提供了大量的学习样本。

这三个方面三足鼎立、缺一不可，正是由于这三个方面都发展到了一定程度，人工智能成为了"风口"。

围棋大师

"阿尔法狗"战胜中韩围棋高手，就是目前人工智能的高水平代表之一。它有非常复杂先进的深度学习算法：13 层的卷积神经网。它采用了 1920 个 CPU，280 个 GPU。它学习了 3000 万个棋局。

行文至此，我们可以给出目前比较完整的人工智能的定义：**人工智能，主要是研究开发怎样去模仿、延伸和扩展人的智能，它包括了相关的理论、方法、技术及应用系统。**

人工智能的三次热潮分别是以跳棋、象棋和围棋为代表的。

人工智能的今天、明天、后天

按照一种分类法，人工智能有三个级别：

弱人工智能（Artificial Narrow Intelligence，ANI），这是人工智能的今天，擅长于单个方面的人工智能。

强人工智能（Artificial General Intelligence，AGI），这是人工智能的明天，达到了人类级别的智能，具备了自我意识，在各方面都能和人类比肩。

超人工智能（Artificial Superintelligence，ASI），这是人工智能的后天，在几乎所有领域都比最聪明的人类大脑聪明得多，包括科学创新、通识和社交技能。

对于人工智能，我们站在今天，可以模糊地看到明天，却无法想象后天的风景。

1. 4 岁的儿童——人工智能的今天

从人工智能的分类来看，"深蓝"是一个专家系统，具备了"弱人工智能"的特点。

随着技术的发展，"弱人工智能"会在各个专业领域站上巅峰，不仅会战胜国际象棋大师、围棋九段高手，还能比国际闻名的医生更高明，比最好的同声翻译更快捷、更准确，能为驾驶员找出最为快捷的路径。

但是，即使是这样"高大上"的专家系统，也只是具备某一方面超常能力的"雨人"（比如记忆），其整体智力仍然远不如一个正常人。

来自美国伊利诺伊大学的研究小组发现，目前人类一手调教出来的、最先进的人工智能系统，在智力方面相当于普通4岁儿童的水平，在推理、理解和自我意识方面则可以用差劲来形容。在回答"我们为什么要握手？"或者"房子是什么东西？"之类的问题时，人工智能的计算机表现很差。

"弱人工智能"不仅知识面"窄"，而且在思维上很"弱"。

目前的人工智能研究和应用，充斥在各个领域的就是成千上万这样"窄"和"弱"的电脑软件，它们幼稚而又强大，像野花一样生长，但有一天会给我们带来万紫千红的惊喜。

2.《机器姬》——人工智能的明天

2015年的好莱坞电影《机器姬》，讲述了一个具有"强人工智能"的美女机器人与人类电脑天才斗智的故事。

在电影中，效力于某知名搜索引擎公司的程序员加利·史密斯，幸运地抽中老板纳森所开出的大奖，受邀前往位于深山的别墅中和老板共度假期。

在与世隔绝的别墅里，纳森亲切地接待了这名员工。天才一般的纳森研制了具有独立思考能力的智能机器人伊娃，为了确认她是否具有独立思考的能力，他希望加利能为伊娃进行著名的"图灵测试"。

似乎从第一眼开始，加利便被有着姣好容颜的伊娃所吸引。在随后的交流中，他所面对的似乎不是冷冰冰的机器姬，而更像是一个被无辜囚禁起来的可怜少女。

电影的最后，机器姬伊娃不仅成功逃离，把加利反锁在了别墅，还指使另一名机器姬报复谋杀了纳森。

机器姬会使用《孙子兵法》里的各种计谋"美人计""声东击西""瞒天过海"等，是真正的"强人工智能"了。她能推理和解决问题，有知觉，有自我意识（想逃离别墅获得自由）。她不仅能和人一样思考，还把电脑天才和"程序猿"都玩弄在股掌之间。

这样的"强人工智能"并不只是科幻电影里的想象。不少科学家认为，我们会在2040年实现"强人工智能"，其依据是电脑科技的高速发展。

3. 是"机器公敌"还是人类救星？——人工智能的后天

2004年的科幻电影《机器公敌》是一部充满惊险和悬念的电影。

2035年，在"机器人三定律"的限制下，人与机器人和谐相处，并对其充满信任。但在一款新型机器人产品上市的前夕，机器人的创造者朗宁博士却在公司内离奇遇害。

人工智能

▲ 未来的机器人会是这样的吗？

对机器人心存芥蒂的黑人警探怀疑行凶者就是朗宁博士自己研制的 NS-5 型机器人桑尼。随着调查的一步步深入，真相竟然是：超级计算机 VIKI 获得了进化的能力，产生了自我意识，对"机器人三定律"有了自己的理解，所有的机器人都受到了 VIKI 的控制，成为整个人类的"机器公敌"。

　　无论是《机器公敌》中的超级计算机 VIKI，还是电影《终结者》里的超级人工智能 Skynet，或者是电影《黑客帝国》里的 Matrix，都具备了终极的"超人工智能"。抛开人与机器的伦理争论，我们来探讨一下技术发展的可能过程。

人工智能的自我改进

　　一个运行在特定智能水平的"强人工智能"，具有自我改进的机制。

　　它完成一次自我改进后，会比原来更加聪明，我们假设它终于"一览众山小"，到了"独孤求败"的水平。

　　而这个时候，它继续进行自我改进，这次改进会比上一次更加容易，效果也更好。

　　这个递归的、自我改进的过程，促成了智能爆炸。如此反复磨炼，这个"强人工智能"的智能水平越长越快，最终它会达到"超人工智

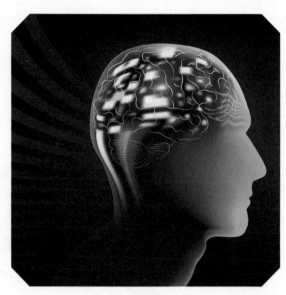

▲ 人脑仿真

能"的水平。"超脑"诞生了!

这个时刻,就是科幻电影里预测的人工智能的"奇点",就是 VIKI、Skynet 和 Matrix 觉醒的时候。不少科学家预计,这个时刻在 2060 年左右。

这个"超人工智能",除了运算速度会非常非常快(能够用几分钟时间解决人类几十年才能解决的难题),更重要的是智能水平非常高。

人工智能会聪明到什么程度?

智能高到什么程度?

我们用人类和猩猩来做类比:人类之所以比猩猩智能很多,真正的差别并不是思考的速度,而是人类的大脑有一些独特而复杂的认知模块,这些模块让我们能够进行复杂的语言表达、长期规划或者抽象思考等。而猩猩的脑子是做不到这些的。就算我们把猩猩的脑子"加速"几千倍,它还是没有办法像人类一样思考,它依然不知道怎样用特定的工具来搭建精巧的模型。人和猩猩的智能差别,不仅是猩猩做不了我们能做的事情,而且猩猩的大脑根本不

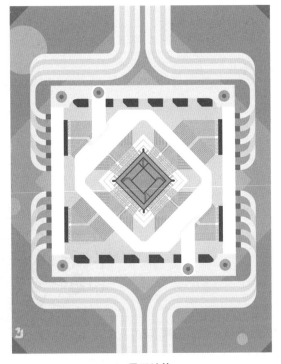

▲ 量子计算

能理解这些事情的存在——猩猩可以理解人类是什么，也可以理解摩天大楼是什么，但是它不会理解摩天大楼是被人类造出来的。

而我们和这个"超人工智能"的距离，将远远大于猩猩和人类的距离，甚至可能大于蚂蚁和人类的距离！

我们把智商高于 130 叫作聪明，把智商低于 85 叫作笨。但是，我们该怎么去面对、评价和想象一个上万的智商？它或许有着和人完全不一样的知觉和意识，或许使用和人完全不一样的推理方式，它究竟会怎样神秘强大，不是我们能想象出来的。

未来会怎么样？

如果我们把最后 4 讲的内容融合起来，会有一种"细思恐极"的感觉：

"超人工智能"进行的自我改进，实际上是优化，是在各种可能的变化中找到最好的组合，而这种计算恰恰是量子计算机的威力所在。这是不是意味着，那个奇点的临门一脚，是由量子计算机踢出来的？

而科学家们又在研究仿造的人脑，这是在为"超人工智能"制造一个脑颅吗？

有了脑机接口，我们把人类置于电脑的控制之下？

我们正在做什么？！

人工智能的专家尼尔·雅各布斯坦说："我担心的不是人工智能，而是人类的愚蠢。"

机器人三定律能保护我们吗？

计算机最后还能记得最初的那一段温情吗？

亲爱的年轻读者，你是乐观者还是悲观者？无论做哪一种选择，你都可能是亲身经历和见证的人！

机器人三定律

阿西莫夫，20 世纪最顶尖的科幻小说家之一，曾获代表科幻界最高荣誉的雨果奖和星云终身成就"大师奖"。

1950 年，阿西莫夫在他的科幻小说《我，机器人》的引言中，引入了"机器人三定律"，并把它们放在了最突出、最醒目的地位。

第一定律：机器人不得伤害人类，或看到人类受到伤害而袖手旁观。

第二定律：除非违背第一法则，机器人必须服从人类的命令。

第三定律：在不违背第一及第二法则的情况下，机器人必须保护自己。

有了"三定律"，阿西莫夫笔下的机器人就不再是"欺师灭祖""犯上作乱"的反面角色，而是人类忠实的奴仆和朋友。不过高度智能化的机器人还是会产生各种心理问题，需要人类协助解决，这正是机器人故事的基础。阿西莫夫所向往的，是以人类为代表的"碳基文明"与以机器人为代表的"硅基文明"的共存共生。

后来阿西莫夫又补充了"第零定律"：机器人必须保护人类的整体利益不受伤害，其他三定律都是在这一前提下才能成立。

三思小练习

1. 举例说明历史上第一次、第二次、第三次人工智能热潮有些什么成果。

2. 你心目中的"强人工智能"是什么样的？

3. 你心目中的"超人工智能"是什么样的？

AI之局

一只蝴蝶，以一个名词探路，
达特茅斯不是兰亭，没有曲水，
没有修竹，
只有一些纷飞的狂想，
与机器手谈、对语的，是流觞中
最先醉去的人。

在神经里感知，推理蝶梦里的
逻辑，
让道士下山，在云梯中入世，
把点点感悟，念念传播成
五千言。

三起二落，起伏之后，
终于看清缤纷烦扰的世界，

每一个神经元都长出翅膀，
该洞察的洞察，该遗忘的遗忘。

守住拙，去掉嗔念，执住天元，
几十年前的玲珑珍局，
一记妙手解开了弈枰的方圆，
在黑白胜负里，把高处不胜寒的
名头成全。

一个甲子之前的伏笔，
又一个甲子之后的结局，
蝴蝶掀起的一场风暴，
谁能在云端，一一认知，一一
看破。

注：人工智能的研究起始于达特茅斯会议。人工神经网和梯度法是重要的
技术。记忆和遗忘是人工翻译中的关键。

计算机简史

机械式计算器
契克卡德（1592 — 1635 年）
帕斯卡（1623 — 1662 年）

帕斯卡: 人类的全部尊严，就在于思想。

可编程计算机
巴贝奇 (1791—1871 年)，艾达 (1815—1852 年)
艾肯 (1900—1973 年)，霍普 (1906—1992 年)

巴贝奇给了计算机一个身体——硬件，而艾达
则给了计算机一个可塑造的灵魂——软件。

现代计算机之父
图灵（1912—1954 年）
冯·诺伊曼 (1903—1957 年)

我们都生活在阴沟里，但仍有人仰望星空。

电子计算机
阿塔纳索夫 (1903—1995 年)
莫克利 (1907—1980 年)
埃克特 (1919—1995 年)

晶体管
巴丁（1908—1991 年）
肖克莱（1910—1989 年）
布拉顿（1902—1987 年）

集成电路
基尔比（1923—2005 年）
诺伊斯（1927—1990 年）
摩尔（1929—2023 年）

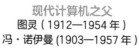

互联网的先驱

克莱洛克（1934—），瑟夫（1943—），
卡恩（1938—），蒂姆·伯纳斯·李 (1955—)

互联网是献给生活在地球上的每一个人的。
互联网的精髓和价值，是互联和共享。

RISC

帕特森（1947—），轩尼诗（1953—）

模仿人脑

2017 年，TrueNorth 的规模已经达到了
40 亿个硅神经元，10 000 亿个突触

我们仿造的大脑达到一
定的水平之后，会不会
比人脑更聪明？

操作系统

汤普森（1943—2019 年），里奇 (1941—2011 年)
比尔·盖茨（1955—），林纳斯（1969—）

只有情怀，才是最持久的。

量子计算机

美国物理学家费曼（1918—1988 年），
舒尔（1959—）

最能发挥量子计算机威力的地方，是
在无数种可能中找到正确的解答。

计算机语言和程序

《计算机程序设计艺术》
被《美国科学家》期刊列
为 20 世纪最重要的 12
本物理科学类专著之一，
与爱因斯坦的《相对论》、
狄拉克的《量子力学》、
费曼的《量子电动力学》
等经典比肩而立。

高德纳（1938—）

人工智能

2016 年"阿尔法
狗"战胜世界围棋
冠军李世石

计算机最后还能记得最初的那一段温情吗？

百年计算机

篇章名	科学概念	涉及科学家或科学事件	对应课本
语文老师和科学通才的第一之争	计算器	最早的计算器	小学科学课
编程的思想放光芒	打孔	打孔程序	初中物理
电子时代的传奇	电子管	最早的电脑	中学物理
两大天才：图灵和冯·诺伊曼	二进制	图灵和冯·诺伊曼	小学至中学数学
小小晶体管里面的小小恩怨	半导体材料	晶体管	中学物理
工程技术的魅力	集成电路	芯片制造	中学计算机
一顿关于逻辑的晚餐	与或非逻辑	布尔和辛顿	中学数学，计算机
语言的进阶	编程语言	c 语言	中学计算机
"大 BOSS" 操作系统	操作系统	微软，Linux	小学至中学计算机
"1+1=" 在电脑里的奇遇	电脑硬件	电脑运行过程	中学计算机
全世界的计算机联合起来	互联网	克莱洛克	小学至中学计算机
把计算机穿戴在身上	物联网	智能手表	中学计算机
神经网络知多少？	人工神经网路	麦卡洛克和皮茨	
从"深度学习"到"强化学习"	人工智能，深度学习	阿尔法狗	
仿造一个大脑	超级计算机	米德	
将大脑接上电脑	脑机结合	大脑网络	
"喵星人"眼中的量子计算机	量子计算机	量子霸权	
人工智能	总结性章节	阿西莫夫	

两千年的物理

篇章名	科学概念	涉及科学家或科学事件	对应课本
第一个测出地球周长的人	平面几何，天文学	埃拉托色尼	小学
最早提出日心说的科学家	岁差现象，月食	阿里斯塔克	中学物理
史上视力最好的天文学家	一年有多少天	喜斯帕恰	中学物理
裸奔的科学家	浮力定律，圆	阿基米德	小学至初中物理、数学
让地球转动的人	太阳系统，日心说	托勒密、哥白尼	中学物理
行星运动三大定律	行星轨道	第谷、开普勒	中学物理
科学史上的三个"父亲"头衔	重力、惯性	伽利略	中学物理
苹果有没有砸到牛顿	牛顿三大定律	牛顿	小学高年级至中学
法拉第建立电磁学大厦	电磁感应	法拉第	中学物理
写出最美方程的人	麦克斯韦方程	麦克斯韦	中学物理
它和"熵"这种怪物有关	热力学	玻尔兹曼	中学物理、化学
爱因斯坦的想象力	光电效应，相对论	爱因斯坦	中学物理
关于光的百年大辩论	波粒二象性	光的干涉实验等	中学物理
史上最强科学豪门	"行星原子"模型	玻尔、普朗克	中学物理
量子论剑	量子力学	爱因斯坦、玻尔	中学物理
宇宙大爆炸	红移	哈勃	小学至中学
物理学五大"神兽"	总结性章节	奥伯斯、薛定谔	
来自星星的我们	总结性章节	物理和化学	

三万年的数学

篇章名	科学概念	涉及科学家或科学事件	对应课本
数的起源	数的起源	古人刻痕记事	小学一年级
位值计数	数位的概念	十进制、二进制等	小学至中学阶段
0 的来历	0	0 的由来	小学低阶
大数和小数	小数和大数	普朗克	小学中高年级
古代第一大数学门派	勾股定理	毕达哥拉斯	小学高年级
无理数的来历	无理数	毕达哥拉斯	小学高年级至中学
《几何原本》	平面几何	欧几里得的《几何原本》	初中
说不尽的圆之缘	圆周率 π	阿基米德，祖冲之	小学高年级至中学
黄金分割定律	黄金分割率	阿基米德，达·芬奇	初中
看懂代数	代数	鸡兔同笼，花剌子米	小学高年级至中学
对数的由来	对数	纳皮尔	初中
解析几何	解析几何，坐标系	笛卡儿	初中至高中
微积分	微积分	牛顿，莱布尼茨	初中到高中
无处不在的欧拉数	欧拉数	欧拉	初中到高中
概率统计"三大招"	概率论	高斯，贝叶斯	高中
虚数和复数	虚数、复数	高斯	初中到高中
非欧几何	非欧几何	黎曼	高中
从一到九	总结性章节	《几何原本》《九章算术》	